Die Corvette

Richard Langworth

Die Corvette

HEEL

Titelfoto: Eine 62er Corvette, erkennbar an der neugestalteten Lufthutze (Foto W. Wolf)

IMPRESSUM

Für die deutschsprachige Ausgabe:

Hauptstraße 354 · 5330 Königswinter 1

Gesetzt aus der Goudy Old Style
Papier: Nikla Plus, 115 gr., 1,3 Vol.

Übersetzung: Peter Braun, Mannheim
Satz und Fremddatenkonvertierung: Fotosatz Hoffmann, Hennef
Gestaltung und Herstellung: Georg Grützner, Bonn
Lithos: Atelier Frings, Bonn
Druck: Lorenz Ellwanger, Bayreuth

ISBN 3-922858-95-3

Für die englische Originalausgabe:

ISBN 0-947981-24-1

Inhalt

Vorwort

„Wie, noch ein Buch über die Corvette?", werden Sie fragen. Dieselbe Frage hatte ich auch meinem Verleger John Blunsden von „Motor Racing Publications" gestellt, als wir vor einem Jahr zum ersten Mal über dieses Buch sprachen. Ich weiß, die bislang veröffentlichen Werke zum Thema Corvette füllen mittlerweile ein ganzes Regalfach, doch wenn Sie diese Zeilen lesen, müssen Sie dieses Buch ja schließlich gekauft haben, oder? Und seien Sie beruhigt: Dies ist kein Corvette-Buch wie alle anderen!

Es gibt in der Corvette-Literatur zwar bereits eine Fülle monumentaler Abhandlungen, hastig zusammengestückelter Dokumentationen, prächtiger Bildbände, Monographien, Restaurierungsanleitungen und zahlreiche Nachdrucke von Werkstatthandbüchern und Ersatzteilkatalogen, doch anscheinend war bisher noch niemand auf die Idee gekommen, die Entwicklung der Corvette ausführlich und doch knapp in einem Buch der Serie „Collector's Guide" zusammenzufassen. Der britische MRP-Verlag hat diese oft kopierte Form der Abhandlung erfunden und zu höchster Reife entwickelt. Dabei ist das Konzept genial einfach: Eine anschauliche Dokumentation der Entwicklungsgeschichte; ein Blick auf die zeitweise verfolgten (und wieder verworfenen) Zukunftsprojekte; ein Abstecher in die Rennsportgeschichte, sofern das Modell eine hatte (die Corvette hatte eine sehr bewegte!); ein übersichtlicher, detaillierter Tabellenteil am Ende des Buches; und, besonders wichtig, ein Kapitel über Auswahl, Kauf, Restaurierung und Unterhalt des betreffenden Fahrzeugs. Genau nach diesem Konzept sind wir bei der Erstellung dieses Buches vorgegangen und haben das Ganze mit einem Kapitel über die brandneue Corvette von 1984 abgerundet — das mit Sicherheit erfreulichste Ereignis für Corvette-Fans seit der Vorstellung des Sting Ray vor mehr als 20 Jahren.

Das 84er Modell erschien uns in der Tat als viel zu gut, um es auszulassen. Deshalb haben wir uns entschlossen, an dieses Buch der „Collector's Gui des"-Serie ein Extra-Kapitel anzuhängen, das sich ausnahmsweise mit einem zeitgenössischen Fahrzeug beschäftigt. All diejenigen, die sich 1980 mit mir über die Entscheidung von General Motors, die „Aerovette" nicht zu produzieren, geärgert haben, sollten sich ein Bier zur Hand nehmen und mit mir auf die neue Corvette anstoßen: Sie ist da!

In der Geschichte der Corvette herrschte nicht immer eitel Sonnenschein, zumindest nicht in den vergangenen zehn Jahren. Die „Taschendiebe mit Pensionsanspruch" in Washington hatten alles darangesetzt, den einzigen Sportwagen amerikanischer Produktion in einem Knäuel von Gesetzesauflagen, Beschränkungen und Vorschriften zu ersticken und aus ihm eine Art zweisitzigen Cadillac zu machen, was ihnen, wenn man die Corvette-Modelle der siebziger Jahre betrachtet, ja auch fast gelungen wäre! Doch man sollte nicht vergessen, daß die Corvette in den Jahren vor der Ölkrise und der verschärften Gesetzgebung (und vielleicht auch in den Jahren nach 1983) ein völlig anderes Auto war! Ich hoffe, daß es mir mit diesem Buch gelungen ist, alle wichtigen Informationen übersichtlich und doch detailliert zusammenzufassen, und daß es Ihnen eine Hilfe sein wird, ganz gleich ob Sie eine Corvette besitzen, eine besitzen wollen oder sich bereits damit abgefunden haben, wohl nie eine besitzen zu werden.

Dabei fällt mir ein, daß die Europäer anscheinend ein anderes Verhältnis zur Corvette haben als wir Amerikaner. Die Briten beispielsweise — oder zumindest jene, die ich getroffen habe — finden sie „wahnsinnig", egal um welches Modell es sich dabei handelt! Ich verstand die Welt nicht mehr, als ein befreundeter Insulaner, mit dem ich auf der britischen M1 unterwegs war, sich in haarsträubender Fahrweise in das Kielwasser einer der seltenen in Großbritannien zugelassenen Corvette (übrigens fast ausnahmslos aus der vierten Generation, d.h. nach 1968 gebaut) bugsierte und sich fast nicht mehr beruhigen wollte. Ich wies ihn freundlich darauf hin, daß es sich um eine stinknormale 78er Corvette handelte, daß sie sich führe wie ein Lastwagen, daß ihre zugeknöpfte Maschine sowieso saft- und kraftlos sei, daß sie in allen Ecken ächzte und klapperte wie ein gammeliger Morris Minor und insgesamt so leicht zu manövrieren sei wie die „Queen

Elizabeth II" — es nutzte nichts! Er war offenbar wie geblendet von der schieren Ausstrahlung dieses Ungetüms auf der anderen Fahrspur (Die 84er Corvette hat immer noch diese Ausstrahlung, läßt sich aber viel feinfühliger dirigieren und geht höllisch ab — Sie werden sie lieben!).

Andererseits scheinen die älteren Corvette-Modelle (vor Baujahr 1968) in Europa kaum Beachtung zu finden — die urigen 1953/55er beispielsweise mit ihrem grimmigen Haifischgrill und den aufgesetzten Heckleuchten; die schlanken, schnellen 1956/62er mit ihren potenten V8-Triebwerken, ob mit Benzineinspritzung oder ohne; und die sagenumwobenen, kurzlebigen Sting Rays von 1963/67, die in amerikanischen Corvette-Kreisen als die „heißesten Eisen" gelten. Ich würde mich freuen, wenn dieses Buch etwas an dieser Haltung gegenüber den älteren Corvette-Modellen änderte.

Vielleicht ist das Gras auf der anderen Zaunseite ja wirklich grüner. Sir Winston Churchill wird in den USA wohl mehr bewundert als in Großbritannien, nicht zuletzt, weil die Briten schließlich mit diesem Mann leben mußten. Wir Amerikaner mußten mit der Corvette leben. Ich weiß sehr wohl, daß Sportwagenfahrer diesseits des großen Teichs die Corvette entweder vergöttern oder katgorisch ablehnen, schließlich erging es mir früher nicht anders. Ich fuhr damals britische Sportwagen und es wäre mir nie in den Sinn gekommen, mich in eine dieser „Plastikschüsseln" aus Missouri zu setzen!

Ich erinnere mich noch gut an den Straßenkurs von Thompson im hügeligen Weideland von Connecticut. Die Streckenführung beschrieb auf einer steilen Kuppe eine sehr enge Haarnadelkurve, in der selbst die Lotus Seven ins Straucheln gerieten — Thompson war ein echter Corvette-Killer! Die großen Corvette in der Klasse A waren zwar auf trockener Strecke unheimlich schnell, doch wir jungen Ketzer beteten um Regen, damit wir Bruce Jennings zujubeln konnten, wenn er mit seinem Porsche Carrera den Corvette ihre Fiberglas-Kotflügel stutzte!

Bei meinem letzten Rennbesuch in Thompson (der Kurs existiert heute leider nicht mehr) warf der unvergessene Bob Grossman seinen Sting Ray durch die Kehren, daß es eine Freude war. Es regnete in Strömen und die Porsche Carrera rückten immer näher. Nach jeder Runde, wenn Bob wieder an uns vorbeihuschte, fehlte an seinem Wagen wieder ein Stück Karosserie — irgendwo nach der Haarnadelkurve mußte er in jeder Runde einen Felsbrocken oder die Böschung gestreift haben, denn die Kotflügel hingen bald in Fetzen über den Rädern. Am Ende war der Sting Ray kaum noch zu erkennen und wir schrien vor Begeisterung. Mein Gott, wie haßten wir diese Ungetüme!

Doch die Zeit verging, und als ich mich der Schriftstellerei zuwandte mußte ich meine Meinung über die Corvette in vielen Punkten revidieren, und das nicht, weil ich für wohlwollende Berichte von Chevrolet bezahlt wurde! Karl Ludvigsens Buch „America's Star-Sprangled Sports Car", an dem ich vor mehr als zehn Jahren mitgearbeitet habe, hat mir im Bezug auf die inneren Werte der Corvette die Augen geöffnet. Karl hat mich in diesen Jahren viele Dinge gelehrt, doch was er mir über die Corvette beibrachte, hat wohl den tiefsten Eindruck hinterlassen.

Es mag ja stimmen, daß die Corvette ihre Sportwagenkarriere mit einem ziemlichen Handicap begonnen hat. Und es gab Zeiten, da konnte man die sportlichen Ambitionen der Corvette mit dem Versuch vergleichen, eine Tomate mit einer Axt in Scheiben zu schneiden! Schiere Kraft lautete damals die Devise.

Doch dann kamen in den sechziger Jahren Männer wie Zora Arkus-Duntov, Bill Mitchell und Ed Cole, die begriffen hatten, daß die Corvette ein richtiges Fahrwerk brauchte, daß ein Sportwagen in erster Linie funktionell sein und daß man sich bei Bedarf auf seine Bremsen verlassen können mußte. Sie vollbrachten ein kleines Wunder. Mit dem V8-Motor hatte die Corvette 1956 einen wichtigen Schritt in Richtung Sportwagen getan, doch fertig war er erst 1963 mit dem Sting Ray. Nach allem, was wir heute wissen, nimmt das 1984er Modell wieder eine ähnliche Spitzenstellung ein, worüber ich für meine Person sehr glücklich bin.

An dieser Stelle möchte ich meinem langjährigen Freund Sam Folz aus Kalamazoo, Michigan, meinen Dank aussprechen, ohne den das Kapitel über Auswahl, Kauf und Unterhalt einer Corvette kaum zustande gekommen wäre. Sam ist ein Mann von erlesenem Geschmack (er besitzt einen der schönsten MG der T-Serie in den USA und restauriert im Augenblick einen der ersten importierten Triumph TR 4), doch seine erste Liebe galt der Corvette, über die er vielleicht mehr weiß als irgendein anderer. Ich möchte mich auch bei Becky Bodner vom Sprachrohr der Corvette-Fans, den „Corvette News", für die vielen Bilder in den Rennsport-Kapiteln bedanken. Ein drittes „Dankeschön" geht an Chris Poole und Frank Peiler von „Publications International" für ihre Hilfe bei Kapitel 11, und an Ed Lechtzin von der Public-Relations-Abteilung von Chevrolet, der geduldig meine Fragen zur neuen Generation beantwortete und mir aktuelles Zahlenmaterial zur Verfügung stellte. Vielen Dank auch an „Publications International" für die freundliche Genehmigung zum Abdruck einiger Zitate aus meinem 1978 erschienenen Corvette-Buch.

Meine Recherchen zum Thema Corvette begann ich unter Karl Ludvigsen, führte sie im Lauf der Jahre im Rahmen verschiedener anderer Untersuchungen in Detroit weiter und vertiefte sie schließlich anhand einiger bemerkenswerter Publikationen des Verlagshauses „Michael Bruce Associates". Die Zusammenstellung wichtiger Meßdaten wurde mir erst durch die Unterstützung der folgenden Automobil-Fachzeitschriften ermöglicht: Autocar, Road & Track, Car and Driver, Car Collector, Car Classics, Motor Trend, Sports Car Graphic, Automotive News, Corvette News und Vette Vues.

Bei Chevrolet oder im GM-"Tech Centre" wurde mir bisweilen die persönliche Unterstützung von Bill Mitchell, Chuck Jordan, Edward N. Cole und David Holls zuteil. In diesem Buch zitiere ich aus Interviews, die mein Freund Rich Taylor in meinem Auftrag mit Mitchell und Duntov geführt hat, als ich noch der Redaktion des Magazins „Car Classics" angehörte. An dieser Stelle sollen auch die Mitarbeiter der PR-Abteilung von Chevrolet nicht vergessen werden, die mich so oft in meinen (für Außenstehende sicher schwer zu verstehenden) Bemühungen unterstützten — und dabei ihre eigentliche Aufgabe, nämlich Autos zu verkaufen, regelmäßig vernachlässigten. Ihnen und allen, an deren Namen ich mich bedauerlicherweise nicht mehr erinnern kann, gebührt mein Dank.

Last, not least, bedanke ich mich bei meinem Verbindungsmann in England, meinem langjährigen Freund, Mitarbeiter und Kollegen Graham Robson in Burton Bradstock, Dorset, dessen Ermutigung und Unterstützung für mich wie eine zusätzliche Hand an einem dreitausend Meilen langen Arm war, und bei John Blunsden und der gesamten Belegschaft vom MRP-Verlag, die sich große Mühe mit mir gaben und augenblicklich wohl die letzten Exemplare des hervorragenden Buches „Triumph Cars" von Robson/Langworth unter die Leute bringen (unbedingt kaufen!).

Enthusiasten in aller Welt sollten sich bei der Chevrolet-Division für ihren unerschütterlichen Glauben an die Corvette bedanken. Die Existenz der Corvette ist zum Glück nicht bedroht, auch wenn die Verkaufszahlen seit dem Produktionsbeginn der neuen Generation leicht zurückgegangen sind. Ich bin sicher, daß dieser Trend nicht anhalten wird. Die Corvette-Verkaufszahlen machen am Ende nur einen Bruchteil der Gesamtproduktion dieses Automobilgiganten aus, und ihr Verschwinden würde im GM-Finanzhaushalt kaum ins Gewicht fallen. Trotz aller marktpolitischer Überlegungen hat Chevrolet an der Corvette-Idee festgehalten, und die Designer und Konstrukteure von heute werden alles daran setzen, auch in Zukunft aufregende Sportwagen zu bauen.

Hopkinton, New Hampshire

RICHARD M. LANGWORTH

KAPITEL 1

Die Vorfahren

Amerikas erste Sportwagen

Nach der Dezemberausgabe 1982 des US-Wirtschaftsmagazins „Inc" zu urteilen war die Firma Corvette America in Boalsburg, Pennsylvania, eines der 500 zuwachsstärksten Privatunternehmen in den Vereinigten Staaten. Dan LeKander gründete die Firma im Jahre 1977 nach einem Totalschaden seines Sting Ray Baujahr 66. Nachdem er einen Teil der sterblichen Überreste des Wagens für gut 6000 $ an den Mann gebracht hatte und man ihm für den restlichen Schrott noch einmal 4000 $ anbot kam ihm die zündende Idee. Die Firma Corvette America war geboren. Das Kleinstunternehmen erzielte 1981 einen Umsatz von 3 Millionen Dollar, was einem realen Wachstum von 1220 Prozent in nur fünf Jahren entspricht.

Diese kleine Geschichte veranschaulicht den heutigen Stellenwert der Corvette unter Fans und Sammlern und stellt gleichzeitig eine große Herausforderung an den Autor eines Corvette-Buches dar: Was gibt es über diesen „Dauerbrenner" unter den Sportwagen zu schreiben, was bislang noch niemand geschrieben hat? Vom historischen Standpunkt betrachtet recht wenig, fürchte ich. Doch das Thema Corvette verdient es, auch einmal in einem „Collector's Guide" behandelt zu werden, und eine Zusammenfassung der Entstehungs- und Modellgeschichte sowie der Zukunftsperspektiven des Modells in dem vorliegenden, kompakten Rahmen ist mit Sicherheit gerechtfertigt.

Lassen Sie mich zuerst einmal ein altes Mißverständnis ausräumen: die Corvette war nicht der erste amerikanische Sportwagen! Sie war nicht einmal der erste amerikanische Nachkriegssportwagen, und der einzige Sportwagen aus amerikanischer Produktion war die Corvette zumindest nie für lange Zeit, denn es gab ja schließlich immer einen Nash-Healey, einen Thunderbird, Corvair Corsa, Camaro Z-28, Firebird Trans Am oder einen Chrysler G-24.

Ein Superlativ bleibt der Corvette trotzdem: Sie war der erfolgreichste amerikanische Sportwagen — und ist auch heute noch der beliebteste Wagen dieser Kategorie unter der halben Million Sammlern, die sich den sogenannten „klassischen" Automobilen verschrieben haben.

Um die unverhohlene Vorliebe der „Yankees" für rassige Sportwagen zu verstehen, müssen wir das Rad der Zeit weit zurückdrehen, genauer gesagt noch vor die Zeit des Krieges, der ursprünglich alle Kriege hatte beenden sollen. Vor dem Ersten Weltkrieg also beherrschten heute längst vergessene Marken wie Simplex, Lozier, Locomobile, Stutz und Chadwick mit ihren „leichten Zweisitzern" die Straßen und Rennstrecken Nordamerikas.

Nun ist ja bekanntlich alles relativ, und so verstand man unter „Straßen" in jener Zeit in der Hauptsache ausgewaschene, morastige Karrenwege, und als „Rennstrecke" galt eigentlich jedes Stück befahrbare Erdoberfläche, von den sandigen Wüstenpisten bis zu den kunstvoll verschlungenen Knüppeldämmen in den bergigen Wäldern (Brooklands und Indianapolis waren wirklich rühmliche Ausnahmen). Auch das Wort „leicht" umschrieb im Bezug auf Sportwagen lediglich das Fehlen jeglichen Komforts und die Beschränkung auf weniger als sieben oder acht Sitzplätze auf einem hochbeinigen, schwerfälligen Tourer-Fahrgestell. Wenn man damals sagte, daß nur ein echter Mann einen Stutz Bearcat bewegen konnte, dann war das weniger im chauvinistischen Wortsinn gemeint. Der Begriff „echter Mann" stand vielmehr für wirklich herkulische Kräfte und alttestamentarische Leidensfähigkeit!

Der erste wirklich leichte, oder zumindest einigermaßen bewegliche Sportwagen war der Mercer Raceabeout von 1911. Dieses Modell überlebte bis ca. 1923, wobei die zwischen 1911 und 1914 entstandenen „T-Head"-Versionen heute noch am ehesten ein Begriff sind. Das Fahrverhalten eines Mercer Raceabout erinnert stark an die frühen blattgefederten V8-Corvette — leicht, handlich, nicht eben komfortabel und atemberaubend schnell. Die charakterlichen Unterschiede zwischen einem Mercer und einem Stutz lassen sich vielleicht an dem Verhältnis zwischen Bugatti und Bentley veranschaulichen (Ettore würde mir sicher Recht geben). Wie die

Die ersten amerikanischen Sportwagen waren mächtige, hochbeinige Zweisitzer wie dieser Locomobile von 1908. Auf den schweren, robusten Leiterrahmen eines konventionellen Tourers wurden als „Sportwagen-Zutaten" einfach zwei Einzelsitze, ein großer Tank und ein Gepäckkoffer montiert. Das an der Lenksäule montierte „Monokel" war die „Rennscheibe" der Sportwagen aus der Zeit vor dem Ersten Weltkrieg.
(Henry Ford Museum)

Hier fegt ein Mercer „T-Head" Raceabout um die Rennstrecke von Point Breeze, Philadelphia, am Steuer der berühmte Mercer-Pilot Hughie Hughes. Trotz seines hohen Alters ist der Mercer auch nach heutigen Maßstäben verblüffend einfach zu fahren. Die Kupplung ist angenehm leichtgängig und die Gänge des vollkommen unsynchronisierten Getriebes rasten sauber ein, fast wie bei einer zwei Generationen jüngeren Schaltung.
(Henry Austin Clark Jr.)

Corvette war auch der Mercer eine ideale Basis für ambitionierte Tuner und „Friseure". Im Jahre 1912 erreichte Ralph de Palma mit einem auf 7,3 Liter Hubraum vergrößerten Rennmotor auf einem Mercer-Spezial über 190 km/h (im Gegensatz zu den serienmäßigen 130 km/h)!

Zwischen den beiden Weltkriegen waren echte Sportwagen in den Vereinigten Staaten Mangelware. Es gab zwar einige gute Rennwagen (vor allem Miller und Duesenberg), doch die waren nicht für den Straßenbetrieb geeignet. Es gab „sportliche" Wagen wie den Cord 810/812 und den Auburn Speedster, doch die konnten bestenfalls als hübsche „Art Déco"-Sportwagen gelten. Die richtigen Sportwagen gab es zwischen 1918 und 1940 nur in Europa, in Großbritannien, Italien, Frankreich und Deutschland.

Nach dem Zweiten Weltkrieg erlebte der Sportwagen in Amerika eine ungeahnte Renaissance. Viele in Großbritannien stationierte „GIs", von den kriegsmüden Briten als „übermütig, überbezahlt, überernährt und überflüssig" bezeichnet und stumm geduldet, nahmen nach 1945 einen hübschen, kleinen MG TC mit in die Heimat. Der MG TC war der Archetyp des für jedermann erschwinglichen Sportwagens (die alten Mercer und Stutz waren in der Tat Spielzeuge für die High Society gewesen).

Während man sich in Großbritannien bestenfalls noch in einer Art loyaler Nostalgie an den kleinen MG-Sportwagen erinnert, ist er in den USA

Die Mercer Raceabout waren echte „Production-Racers", d.h. sie wurden bereits rennfertig über die Ladentheke verkauft. Hier warten die Raceabout-Piloten Dick Bentle (Mercer-Generalvertreter für Kalifornien, Startnummer 2) und der Barney Oldfield (Startnummer 3) auf das Startsignal. Die letzten Mercer Raceabout entstanden 1923, und zwischen 1918 und 1940 waren amerikanische Sportwagen Mangelware. *(Henry Austin Clark Jr.)*

Frank Kurtis neben seinem „Kurtis-Kraft" mit Ford-Mechanik, aufgenommen in Kalifornien 1949. Der seitengesteuerte Ford-V8-Motor war wegen seiner ungeheuren Leistungsreserven der Liebling der „Hot Rod"-Spezialisten der frühen Nachkriegsjahre. Kurtis verpflanzte den Motor in ein stabiles Chassis und versah das Ganze mit einer selbstgestalteten Karosserie. 1950 kaufte Earl „Madman" Muntz Kurtis auf und produzierte bis 1955 ähnliche Wagen unter dem Namen „Muntz Jet".

Der Crosley Hot Shot (hier ein 1951er) war ein spartanisches Wägelchen, das von einem seitengesteuerten Vierzylindermotor mit 721 ccm Hubraum und 26,5 PS Leistung angetrieben wurde und sowohl fahrwerks- als auch leistungsmäßig enorme Reserven bot. Der Hot Shot kostete nur 950 $. Dieser Winzling holte sich beim 12-Stunden-Rennen von Sebring 1951 sogar den „Index of Performance"-Preis. Dies konnte an der Schließung der Firma 1952 nichts mehr ändern.

längst zu einer Legende geworden. Für die Yankees war er mehr als nur ein Auto — er war Ausdruck eines neuen Automobilverständnisses, fast schon eine Weltanschauung! Selbst die bedeutendsten amerikanischen Wagen der späten vierziger Jahre, als die Designer noch nicht an Gigantomanie litten, waren dagegen ziemlich einfallslose Kreationen. Ken Purdy bezeichnete sie einmal als „eine teigige Masse schwülstiger Blasen", womit er nicht einmal so unrecht hatte.

TC-Piloten machten sich einen Spaß daraus, Fahrer großer Buick-, Chrysler- oder Lincoln-Limousinen zu reizen, sich auf langen Geraden in ihren Windschatten zu hängen und ihnen dann in den ersten Kurven grinsend um die Ohren zu fahren. Den Kragen hochgeschlagen, volle Pulle 120 km/h und alle waren kleine Nuvolaris!

Als William Lyons 1948 seinen atemberaubenden Jaguar XK 120 vorstellte, konnte der Sportwagenfan sich sogar mit einem Hauch von Luxus umgeben und gleichzeitig demonstrieren, daß Sportwagenfahren nicht nur etwas für mittellose Spinner ist. Mitte der fünfziger Jahre hatten Triumph TR2 und Austin-Healey 100 auch die Lücke in der preislichen Mittelklasse

Der erste Nash-Healey war dieses Modell von 1951 mit geteilter Windschutzscheibe und senkrecht verripptem Nash-Kühlergrill. Der Wagen hatte eine Aluminium-Karosserie und wurde von einem von Donald Healey auf 125 PS getunten Nash-ohv-Sechszylindermotor angetrieben. Rennversionen erreichten einen neunten Platz bei der Mille Miglia und einen vierten Platz im Le-Mans-Gesamtklassement. Später (1952-1955) erhielt der Nash-Healey eine von Pininfarina gestylte Stahlblech-Karosserie, von 1953 bis 1955 wurden außerdem Coupés und Cabrioles mit längerem Radstand angeboten. Insgesamt wurden nur 404 Nash-Healey produziert.

Dieser aufregend gestylte Kaiser-Darrin DKF-161 war einer der ersten amerikanischen Sportwagen mit Fiberglas-Karosserie. Er war eine Schöpfung von Howard Darrin, der sich zuvor bereits mit der hinreißenden Kaiser-Limousine von 1951 einen Namen gemacht hatte. Das wohl ungewöhnlichste Merkmal des Darrin waren die Schiebetüren — unter der Außenhaut ging es dagegen verhältnismäßig bieder zu. Die Karosserie war über ein simples Henry-J-Chassis von Kaiser gestülpt, und angetrieben wurde das Ganze von einem Willys-Sechszylinder mit 2,6 Liter Hubraum. Von dem Wagen, der erheblich schneller aussah als er tatsächlich war, wurden 1954 insgesamt nur 435 Stück gebaut.

geschlossen, und im Land der unbegrenzten Möglichkeiten brach eine regelrechte „Sportwagen-Stampede" aus!

Man sollte das Phänomen TC/XK jedoch nicht überbewerten, denn es handelte sich letzten Endes doch nur um eine Randerscheinung auf dem schier uferlosen amerikanischen Automobilmarkt. 1952 wurden in den USA beispielsweise ganze 11 000 Sportwagen neu angemeldet, was einem Anteil von 0,025 % an den gesamten Pkw-Neuzulassungen dieses Jahres entspricht! Solche Zahlen vermochten die großen Automobilhersteller in Detroit natürlich kaum hinter ihrem Ofen hervorzulocken, und so verwundert es nicht, daß die einzigen Sportwagen amerikanischer Provenienz in diesen Jahren in kleinen und kleinsten Hinterhofwerkstätten entstanden.

Von 1949 bis zur Firmenauflösung 1952 entstanden in der Werkstatt der Firma Crosley Motors in Cincinnati, Ohio, die spartanisch ausgestatteten, aber unerhört flotten Modelle „Hot Shot" und „Super Sport". Der Super Sport unterschied sich nur durch die Türen vom billigeren Hot Shot, in den man mit einem Schuhlöffel förmlich hineinschlüpfen mußte. Ein solcher Crosley gewann bei den 12 Stunden von Sebring 1951 den „Index of Performance"-Preis. Ungefähr zur gleichen Zeit verpackte ein gewisser Frank Kurtis je nach Wunsch biedere bis bissige Ford-Mechanik in selbstentworfene Sportwagenkarosserien, mit denen man bei Straßenrennen keine allzu schlechte Figur abgab. 1949 wurde Kurtis von Earl „Madman" Muntz aufgekauft, der dem Konzept mit dem etwas üppigeren „Muntz Jet" treu blieb.

Mit die erfolgreichsten Sportwagen im Rennsport waren die zwischen 1951 und 1955 gebauten Zweisitzer von Briggs Cunningham. Dort liebte

Letzte Einstellarbeiten an einem Excalibur J, einem weiteren Kleinstserien-Sportwagen auf der Basis des Kaiser-Henry-J-Chassis, aber was für einem! Der Konstrukteur Brooks Stevens entwickelte den Excalibur in Anlehnung an den Lotus Seven und hatte mit den heute bekannten Barock-Replicas der Marke nichts am Hut. Dem Willys-Motor wurde nachgesagt, daß er sich spätestens bei 5000 U/min in seine Bestandteile zerlegen würde, doch Stevens drehte das Aggregat ohne mit der Wimper zu zucken auf über 6500 U/min — und es hielt doch! *(Brooks Stevens)*

Diese Aufnahme von einem SCCA-Rennen in Wilmot Hills 1953 zeigt deutlich die Überlegenheit der Excalibur J. Man bedenke, daß dieses Foto in der zweiten Runde aufgenommen wurde! Der zweite Excalibur ist auch nicht weit. Er befindet sich in dem aus mehreren Jaguar XK 120 bestehenden Verfolgerpulk, auf diesem Foto leider von dem Transparent verdeckt.
(Brooks Stevens)

man keine halben Sachen und trennte die Wettbewerbsmodelle streng von den vornehmlich für den Straßeneinsatz gedachten Tourensportwagen. Die Rennwagen waren auch auf internationalem Terrain recht erfolgreich. So belegte ein C-4R in Le Mans 1952 einen respektablen vierten Platz und sein Nachfolger, der C-5R, kam im darauffolgenden Jahr hinter zwei Jaguar D-Type sogar auf Platz drei. Der Tourensportler C-3 kostete als Cabriolet oder Vignale-Coupé gut 10 000 $ und wurde von einem über 180 PS starken Chrysler-„Hemi"-V8 mit halbkugelförmigen Brennräumen beflügelt. Weniger als 40 C-3 entstanden bis zur Schließung der Firma, die fünf Jahre lang nur rote Zahlen geschrieben hatte und ihren Steuerberater fast in den Wahnsinn getrieben hätte.

Wirft man einen Blick auf umsatzstärkere Automobilproduzenten, so gab es zwei kleinere Hersteller, die maßgeblichen Einfluß auf die Gestaltung der späteren Corvette hatten: Nash und Kaiser-Frazer. George Mason, der zigarrenkauende Nash-Vorsitzende, hatte Donald Healey auf einer Atlantiküberquerung an Bord eines Linienschiffes kennengelernt, und als die beiden Männer in New York ankamen war das Nash-Healey-Projekt unter Dach und Fach. Zwischen 1951 und 1955 entstanden unter Mason eine ganze Reihe offener und geschlossener Sportwagen, die von einem überarbeiteten Ambassador-ohv-Sechszylinder angetrieben wurden. Im Rennsport waren diese Wagen sehr erfolgreich: Ein Prototyp erreichte 1950 in Le Mans Platz vier und 1951 kam ein serienmäßiger Nash-Healey auf den sechsten Platz im Gesamtklassement und wurde Klassenvierter. 1952, als ein Cunningham Vierter wurde, erreichte ein Nash-Healey den dritten Platz hinter zwei ungleich stärkeren Mercedes-Benz-Rennwagen. Niedrige Verkaufszahlen, die Nash-Hudson-Fusion und der unerwartete Tod von George Mason beendeten das Healey-Projekt unglücklicherweise schon 1955, da der Sportwagen neben dem wirtschaftlichen Nash/Hudson Rambler keine Daseinsberechtigung mehr fand.

Das kompakte „Henry-J"-Chassis von Kaiser-Frazer diente gleich zwei aufregenden, wenn auch sehr unterschiedlichen Sportwagen als Basis, dem Darrin und dem Excalibur J. Der Darrin war eine zweitürige Fiberglaskonstruktion mit Schiebetüren, entworfen von dem Schöpfer der 1951er Kaiser-Limousine, Howard Darrin. Das Modell Kaiser-Darrin DKF-161 ging 1954 in Produktion, als es um die Firma bereits schlecht bestellt war, und so entstanden nur 435 Exemplare diese Typs. Ob der DKF-161 ein guter Sportwagen war oder nicht sei dahingestellt. Jedenfalls war er im Rennsport nicht gerade erfolgreich, obwohl Mrs. Briggs Cunningham ihren Darrin bei den Straßenrennen des Sports Car Club of America (SCCA) immer ziemlich spektakulär bewegte.

Brooks Stevens' Excalibur J war dagegen ein reiner Sportwagen. Auch er baute auf dem primitiven Henry-J-Chassis auf und wurde von einem Willys-Overland-ohv-Motor angetrieben. Stevens bot den Excalibur für knappe 2000 $ an, während der Darrin 3700 $ kosten sollte — und der Excalibur hatte das Zeug zum Sieger! In den vom SCCA ausgetragenen Rennen hatten Jaguar und Ferrari oft das Nachsehen gegen gut gefahrene Excalibur —

Der erste Wagen mit einer Fiberglas-Karosserie von Glasspar war dieser auf Willys-Basis entstandene Woodill Wildfire, der zwischen 1952 und 1956 sowohl als Komplettfahrzeug als auch in Kitform erhältlich war. Die Glasspar-Standardkarosserie wurde auch auf Ford-Chassis montiert. Mehrere Hundert Wildfire wurden verkauft, hauptsächlich als Selbstbau-Kits. Die geschwungene Armaturenbrett-Oberkante ist eindeutig von den zeitgenössischen MG-Modellen inspiriert. Der Konstrukteur Woody Woodill bot auch eine maßstäblich verkleinerte Ausführung des Wildfire („Waldbrand“) als Tretwagen für Kinder unter dem Namen „Brushfire“ („Buschfeuer“) an.

was den Konstrukteur Stevens sicher ebenso überrascht haben dürfte wie die Zuschauer! Doch als Kaiser-Frazer 1953 in ernsthafte finanzielle Schwierigkeiten geraten war, verschwanden sowohl Darrin als auch Excalibur bald von der Bildfläche.

Nash-Healey, Kaiser-Darrin und ihre Konkurrenten waren natürlich für aufgeschlossene, junge Angestellte bei den „Großen Drei“ in Detroit keine Unbekannten. Ich denke da an Virgil Exner bei Chrysler, Frank Hershey bei Ford und Harley Earl und Ed Cole bei General Motors. Ihnen hatte es vor allem der bereits 1952 vorgestellte Kaiser-Darrin angetan, der mit seiner Karosserie aus glasfaserverstärktem Kunststoff (GFK) gleichzeitig die fortschrittlichste und interessanteste Konstruktion war. Dieses neue Material bot für eine kleine Serienproduktion einen enormen Vorteil: Die Werkzeugkosten waren im Vergleich zu Stahlblechkarosserien lächerlich gering und amortisierten sich bereits bei kleinen Stückzahlen. Die Herren in der Vorstandsetage interessierten sich zwar kaum für Sportwagen an sich, wohl aber für den Werkstoff GFK! Alle drei Hersteller erwogen zu dieser Zeit mehr oder weniger ernsthaft eine Umstellung der Karosseriefertigung von Stahlblech auf glasfaserverstärkte Kunststoffe.

Der größte Experte im Umgang mit Fiberglaskarosserien war Bill Tritt, der schon 1950 in Kalifornien die Firma Glasspar gegründet hatte. Das kleine Unternehmen produzierte Bootsrümpfe aus GFK und stellte exotische Spezialkarosserien für Crosley- und Ford-Chassis her. Das waren die „Replicas“ der fünfziger Jahre - obwohl sie ja im Grunde keine Repliken waren, sondern im Gegenteil etwas ganz Neues, Eigenständiges. Bill Tritt konnte die US Rubber Division in Naugatuck, Connecticut, von den Möglichkeiten des neuen Kunststoffs im Fahrzeugbau überzeugen, und 1952 produzierten die beiden Firmen zusammen Automobilkarosserien für Chassis bis 2,54 Meter Radstand zum Preis von 650 $ pro Stück.

1952 erhielt der Vorstand der Firma US Rubber eine höfliche Einladung nach Detroit. Chevrolet zeigte sich an einer zweitürigen GFK-Karosserie interessiert, und die Zeit drängte offensichtlich!

Bezeichnenderweise waren nicht die Techniker, sondern die Designer für diesen Schritt verantwortlich gewesen — allen voran der Chef der General-Motors-Designabteilung, dem sogenannten „Art & Colour Studio“, Harley Earl. Earl war zu GM gegangen, nachdem er als freier Designer den aufsehenerregenden 1927er LaSalle kreiert hatte, und sein schöpferisches Talent hatte in der Folgezeit immer wieder vielversprechende junge Männer angelockt, darunter Bill Mitchell, Virgil Exner und Frank Hershey, die ihre Karriere alle bei „Art & Colour“ begannen. 1950 war Harley Earls Designerteam eine Art Schrittmacher im amerikanischen Automobilbau, und welchen Weg GM auch beschritt, die anderen Hersteller folgten auf dem Fuß!

Harley Earl hatte den Werdegang der Firma Glasspar aufmerksam verfolgt und auch Bill Tritt kennengelernt. Er hatte auch die Bekanntschaft von Howard Darrin gemacht, der sein erstes Fiberglas-Automobil bereits 1946 auf die Räder gestellt hatte. Und — man glaubt es kaum — Harley Earl war ein Auto-Fan! Er liebte schnelle Wagen, vor allem Sportwagen, und ging oft

Diese Zeichnungen der auf der Motorama ausgestellten Corvette zeigen noch die kurze Zierleisten an den Fahrzeugflanken und die leicht nach unten weisenden Heckflossen. Auch die hier noch eingezeichneten Türaußengriffe in Form von Druckknöpfen gingen nicht in Serie. Die Türen und Hauben des auf einem Drehtisch stehenden Motorama-Ausstellungsstücks wurden von einer versteckten Hydraulik ständig geöffnet und geschlossen. Die Corvette tourte im Frühjahr 1953 mit der GM-Motorama durch die Lande und wurde vom Publikum begeistert aufgenommen.

zu Rennveranstaltungen, auch in Europa. Er beneidete Bill Lyons um seine Jaguar-Sportwagen und wünschte, seine Gesellschaft hätte etwas Gleichwertiges im Programm. Unter allen Menschen, die die Entwicklung der Corvette prägten, war Harley Earl mit Sicherheit der bedeutendste.

Fast ebenso wichtig war allerdings auch Edward N. Cole, Chefingenieur (und später Generaldirektor) von Chevrolet, der einmal als charismatischster und phantasievollster GM-Vorsitzender in die Geschichte eingehen sollte. Wie Earl wollte auch Cole einen GM-Sportwagen, genauer gesagt einen Chevrolet. Seit seinem Eintritt in die Firma im Jahre 1951 hatte sich Cole über das „Altherren-Image“ der Marke Chevrolet geärgert, und sein größter Wunsch war, mit den sportiveren Ford-Modellen zumindest leistungsmäßig gleichzuziehen. Ein rassiger Sportwagen war dafür natürlich wie geschaffen.

In enger Zusammenarbeit mit Cole und Chevrolet arbeitete Earls Team 1952 an zwei Versuchsträgern: Einem konventionellen Chevrolet-Cabrio mit GFK-Karosserie und einem zweisitzigen Sportwagen. Letzterer durfte zwar eine komplette Neukonstruktion sein, mußte aber so viele Teile aus dem GM-Ersatzteillager wie möglich verwenden.

Am Cabriolet wurde die Haltbarkeit des neuen Werkstoffs untersucht und gleichzeitig die hochfliegenden Pläne einiger Direktoren, die am liebsten alle Autos aus GFK gemacht hätten, etwas gebremst. Was die Haltbarkeit anbelangt, so lieferte ein Testfahrer bereits in einem frühen Entwicklungsstadium einen schlagenden Beweis für die Widerstandsfähigkeit des neuen Materials. Nach einem spektakulären Überschlag bei sehr hoher Geschwindigkeit entstieg der Fahrer unversehrt dem „Plastik-Cabriolet“, dessen Karosserie kaum bleibende Verformungen erlitten hatte. Sogar Türen und Hauben ließen sich noch öffnen und schließen, wenn auch die Karosserie auf dem Rückweg vom GM-Testgelände in allen Fugen ächzte.

Das Sportwagenprojekt wurde einem jungen Ingenieur übertragen, der kurz zuvor frisch vom „Californian Institute of Technology“ zu GM gekommen war. Robert McLean arbeitete entgegen allen Konventionen von hinten nach vorn, setzte zwei Sitze dicht vor die Hinterachse und rückte Motor und Getriebe so weit wie möglich nach hinten. Sein Ziel war eine optimale Gewichtsverteilung von 50 zu 50, außerdem senkte er Antriebseinheit und Kardanwelle so tief wie möglich ab, um einen niedrigen Schwerpunkt zu erhalten und legte den Radstand auf 2590 Millimeter fest — wie beim Jaguar XK 120 (und das nicht von ungefähr, denn bei GM zerlegte man während der Entwicklungsphase der Corvette mehrere XK 120!).

So präsentierte sich die Serien-Corvette Jahrgang 1953 dem Betrachter. Die Motorhaube war vorne angeschlagen, um besseren Zugang zu dem aus Gründen der Gewichtsverteilung weit nach hinten versetzten Motor zu gewähren. Das Klappverdeck wurde manuell geschlossen, statt Kurbelscheiben gab es nur Steckscheiben. Man beachte das hinter Plexiglas versteckte hintere Kennzeichen und die beiden aus der Stoßstange ragenden Auspuffrohre.

Aus Kostengründen mußte sich McLean mit einer serienmäßigen Antriebseinheit begnügen, und Ed Coles Chevrolet-V8-Motor war noch lange nicht in Sicht. Als Kraftquelle gab es nur den 3850 ccm (235 Kubikzoll, abgekürzt „cu.in." oder „cid") großen Chevrolet-Sechszylinder, der im Serienzustand gerade 105 blutleere Pferde mobilisierte. In fieberhafter Eile (die Zeit drängte natürlich wie immer in solchen Fällen) entstand unter den Händen von McLeans Mechanikern einer der schärfsten Chevrolet-Six-Motoren. Eine weitaushebende Spezialnockenwelle mit extrem langen Steuerzeiten wurde eingebaut, die serienmäßigen Hydrostößel mußten kurzen, leichten Stößelstangen weichen, dazu gab es doppelte Ventilfedern und einen überarbeiteten, 8:1 verdichtenden Zylinderkopf (gegenüber den 7,5:1 des Serientriebwerks). Die Kapazität der Wasserpumpe wurde vergrößert, gleichzeitig wurde sie tiefergelegt, um das mächtige Vierblatt-Lüfterrad unter der geplanten flachen Motorhaube unterzubringen.

Viel Arbeit und Zeit wurde auf das Ansaugsystem verwendet, die am aufwendigsten veränderte Komponente der Corvette-Antriebseinheit. Für die drei Carter-YH-Querstromvergaser wurde eigens ein neuer Aluminium-Ansaugkrümmer gegossen. Entgegen der landläufigen Meinung, diese Vergaser wären speziell für die Corvette konstruiert worden, hatte bereits der Nash-Healey über zwei Carter-YH-Vergaser verfügt, die allerdings mit einem automatischen Choke ausgerüstet waren. Für die Corvette hat man das auch versucht, man mußte aber wegen der problematischen Synchronisation der Kaltstarthilfen für die Serie auf den guten alten Hand-Choke zurückgreifen. Das Resultat dieser und anderer Eingriffe waren beachtliche 150 PS bei 4500 U/min — der rote Bereich begann erst in sicherer Entfernung gut 1000 U/min darüber.

Bei den Fahrgestellteilen griff man ebenfalls ins Ersatzteilregal und modifizierte die Komponenten eben, wo es angebracht schien. Trotzdem war das Corvette-Fahrwerk eine Klasse für sich: Zum ersten Mal in der Geschichte der Firma Chevrolet fand eine Hotchkiss-Kardanwelle statt der bisher üblichen Torque-Tube-Welle Verwendung. Die konventionellen Blattfedern der Hinterachse waren aus Stabilisationsgründen außen neben den Rahmenlängsträgern angelenkt. An der Vorderachsaufhängung fanden sich viele Gemeinsamkeiten mit bestehenden Chevrolet-Modellen, jedoch in Verbindung mit speziellen Feder- und Dämpferraten sowie einem Querstabilisator. Das Kugelumlauf-Lenkgetriebe stammte von GM-Saginaw, war jedoch mit 16:1 direkter übersetzt.

Die Kraftübertragung der ersten Corvette über ein serienmäßiges Chevrolet-Powerglide-Automatikgetriebe war manchen ein Dorn im Auge. In der Kürze der zur Verfügung stehenden Zeit war es McLean einfach nicht möglich gewesen, eine andere Kraftübertragung zu entwickeln, und so mußte er auf dieses Getriebe zurückgreifen, das allerdings auch mit einer ganzen Reihe von Vorzügen aufwarten konnte. Das in den großen Limousinen millionenfach bewährte Automatikgetriebe war ein Muster an Zuverlässigkeit, doch es wollte mit seinem gesamten Charakter einfach nicht so recht zu einem Sportwagen passen, und so blieb es für Puristen immer ein Stein des Anstoßes.

Im Gegensatz zum Ausstellungsstück trug die Serien-Corvette eine über die gesamte Fahrzeugflanke gezogene Chromleiste. Im ersten Modelljahr 1953 war die Corvette nur in Polo-Weiß mit rotem Interieur lieferbar, Weißwandreifen und Powerglide-Automatikgetriebe waren serienmäßig. Die Modelle bis 1955 hatten keine Türgriffe.

Die Entscheidung, die Karosserie aus GFK statt aus Stahlblech zu fertigen, fiel übrigens recht spät, wobei die rasche Verfügbarkeit der Urformen mindestens ebenso ins Gewicht gefallen war wie die Vorzüge des neuen Werkstoffs, die ja durch die Erfahrungen mit dem Chevy-Experimental-Cabriolet zweifelsfrei nachgewiesen waren. Was man damals jedoch überhaupt noch nicht berücksichtigte, war das Brandverhalten des Kunststoffs. Die ersten Corvette mit GFK-Karosserien brannten buchstäblich in Sekundenschnelle wie Fackeln ab!

Der Name „Corvette" ist von dem schnellen, beweglichen Bootstyp „Korvette" abgeleitet und vielleicht auch ein Hinweis darauf, daß Anfang der fünfziger Jahre viel mehr GFK auf dem Wasser trieb als auf der Straße fuhr! Der Name „zog" sofort, und ein Fließheck-Prototyp von 1954 wurde „Corvair" getauft, zusammengesetzt aus den Modellnamen „Corvette" und „Bel Air", der zeitgenössischen Chevrolet-Limousine. Auch für den 1960 vorgestellten Heckmotor-Chevy griff man auf diese Wortschöpfung zurück.

Die neue Corvette sollte ihr Debüt im Frühjahr 1953 auf der alljährlich auf die Reise gehenden „GM Motorama" geben, einer glamourösen Wanderausstellung mit jungen Mädchen und neuen Automobilen. Obwohl die Corvette einer der wenigen später tatsächlich produzierten „Show Cars" war, mußten bis zum Serienanlauf natürlich noch einige Retuschen vorgenommen werden. Unter der Motorhaube des Motorama-Ausstellungsstücks blitzten und blinkten unzählige verchromte Teile, darunter auch zwei kleine „Pancake"-Luftfilter, und der Kühlerventilator saß unter einer Luftleithaube, die vor Beginn der Serienproduktion ebenfalls dem Rotstift zum Opfer fiel. Die beiden kleinen Frischlufthutzen links und rechts auf den Kotflügeln vor der Windschutzscheibe gingen auch nicht in Serie, obwohl man für das 1956er Modell wieder auf sie zurückgriff. Auf dem Drehtisch der Motorama wurden die Türen und Hauben des Ausstellungsstücks von einer versteckten Hydraulik automatisch geöffnet und geschlossen — auch auf diesen Gag verzichtete man bei der Serien-Corvette.

Die frühen Corvette verfügten wie das Motorama-Schaustück über ein Klappverdeck, das in geöffnetem Zustand diskret unter einer Abdeckung hinter den schalenförmigen Sitzlehnen verschwand. Als Seitenscheiben dienten Plexiglas-Steckscheiben mit umlaufendem Metallrahmen und kleinen Lüftungsklappen. Das Ausstellungsstück hatte außen Türgriffe in Form von einfachen Druckknöpfen, auf die man beim Serienmodell verzichtete. Stattdessen mußte der Fahrer einfach durch die Lüftungsklappe ins Wageninnere langen und die Tür von innen entriegeln, wie bei den frühen Triumph TR2 und TR3 oder den Austin-Healey. Dieses absolut unamerikanische Detail sollte allerdings 1956 für immer verbannt werden!

Ganz in strahlendem „Polo-Weiß" mit rotem Interieur war die Corvette natürlich öder Blickfang auf der Motorama 1953. Unmittelbar darauf stürmten meist scheckheftwedelnde Interessenten die Verkaufsräume der GM-Vertretungen und bombardierten die geplagten Verkäufer mit Fragen wie „Wie schnell können Sie mir eine Corvette besorgen?" oder „Was kostet sie denn?" Wer seriös genug aussah, erhielt dann die Antworten „Ungefähr zur Jahresmitte 1953" und „Um die 3500 $" (mehr als ein MG, aber weitaus weniger als ein Jaguar). Obwohl sich die GM-Bosse über die Motorama-Corvette alles andere als schlüssig waren, zweifelte Harley Earl keine Sekunde mehr. „Ich wußte genau, daß wir sie bauen würden," sagte er später einmal, „und wie wir sie gebaut haben!"

KAPITEL 2

Die erste Generation

1953 bis 1955

Die ersten Corvette entstanden auf einem gerade sechs Wagenlängen messenden Montageband in Flint, Michigan. Wagen Nr. 1 rollte am 30. Juni 1953 nach einer sechs Monate dauernden, turbulenten konzertierten Aktion der Chevrolet-Abteilungen Produktion, Einkauf und Konstruktion unter großem Jubel aus der Halle. Die Motoren kamen aus dem Chevrolet-Motorenwerk in Tonawanda, New York, die Chassisrahmen bezog man von einem Zulieferer.

Für die Verzögerung war vor allem die GFK-Karosserie verantwortlich, die sich aus 46 verschiedenen Einzelteilen zusammensetzte. Die Herstellung dieser Einzelteile bei der Firma Molded Fiber Glass Body Company in Ashtabula, Ohio, erwies sich zunächst als problematisch, was sich in breiter Qualitätsstreuung und unzulänglicher Paßform der Komponenten niederschlug. Die auf hölzernen Formblöcken vorgefertigten Einzelteile wurden nacheinander zu einer Karosserie zusammengeklebt. Eine automatisierte Fertigung war noch nicht möglich, die GFK-Verarbeitung steckte ja noch in den Kinderschuhen! Die ersten Exemplare waren allem Anschein nach noch handlaminiert, erst später, mit der Einführung stählerner Formen, ging man offenbar zur Verwendung größerer Gewebematten über.

glasfaser-verstärkter Kunststoff

Der National Corvette Restorers Club hat festgestellt, daß die 1953 entstandenen Modelle in vielen Ausstattungsdetails zum Teil deutlich voneinander abweichen. Die ersten Exemplare wurden beispielsweise noch nicht mit den später im Erscheinungsjahr eingeführten und bis 1962 verwendeten „Guide Y-50" Rückspiegeln ausgestattet. Die ersten 25 Serien-Corvette wurden mit den großflächigen Radkappen des Chevrolet Bel Air versehen — später erhielt die Corvette die auf der Motorama gezeigten Zierfelgen mit Zentralverschluß-Attrappen. Alle 1953 entstandenen Modelle hatten ein Delco-Radio mit Sendersuchlauf und eine primitive Fahrzeugheizung mit Wärmetauscher. Allen Modellen gemeinsam war eine stattliche Anzahl von Zeigerinstrumenten, darunter auch ein bis 5000 U/min anzeigender Drehzahlmesser, der zusätzlich über einen eingebauten Umdrehungszähler verfügte. Dieser „Betriebsstundenzähler" war übrigens bis 1959 in allen Corvette-Modellen zu finden.

Die im Erscheinungsjahr 1953 entstandenen Corvette zählen zu den gesuchtesten Modellen, nicht nur weil sie die ersten Vertreter der Modellserie überhaupt sind, sondern auch weil sie insgesamt nur in 300 Exemplaren gebaut wurden. Das 1953er Modell wird heute am teuersten gehandelt, teurer als die seltenen Einspritzer-Versionen der späten fünfziger Jahre. In jüngster Zeit hört man immer wieder von unseriösen Händlern, die 1954er Modelle in 53er „umfrisieren". Bei den geforderten Preisen lohnt es sich, im Zweifelsfall einen Fachmann hinzuzuziehen, am besten natürlich vom National Corvette Restorers Club, doch kann auch ein aufmerksamer Laie ein „künstlich gealtertes" Exemplar von einem echten 53er unterscheiden, denn es gibt eine ganze Reihe von Hinweisen auf das richtige Fahrzeugalter, die von den Roßtäuschern oft nicht vollständig korrigiert werden.

In alle Corvette-Rahmen wurde die auch auf dem Typenschild vermerkte Fahrgestellnummer eingeschlagen — beim 53er Modell sogar zweimal. Die Nummer läßt sich ohne Demontage der Karosserie mit Hilfe einer Taschenlampe und eines kleinen Taschenspiegels kontrollieren. Die am tiefsten Punkt des Tanks ansetzende Kraftstoffleitung wurde bei den 53er Modellen noch an der Außenseite des rechten Rahmenlängsträgers verlegt. Einige frühe Exemplare wurden mit um 90° verdreht montierten Nabenabdeckungen ausgeliefert. Alle 53er Modelle hatten zwei Motorhauben-Entriegelungshebel rechts und links an der Unterkante des Armaturenbretts, fast schon im Fußraum, doch wurden die beiden Hebel auch noch in die allerersten 54er Modelle eingebaut. Die ersten 175 Corvette des Jahrgangs 1953 hatten eine fußbetätigte Scheibenwaschanlage, ab Wagen Nr. 175 wurde dieses Pedal durch einen Pumpknopf am Armaturenbrett ersetzt.

Wer eine echte, alte Corvette sucht, sollte nicht enttäuscht sein, wenn die originalen Steinschlaggitter vor den Scheinwerfern oder die Plexiglasabdeckung über dem hinteren Kennzeichen fehlen. Diese Ausstattungsdetails wurden in einigen Staaten vom Gesetzgeber nicht geduldet. Die Straßenverkehrs-Zulassungsverordnung obliegt in den USA nämlich den einzelnen Bundesstaaten und ist entsprechend verwirrend. Zwar wurden schon früh Versuche unternommen, die Zulassungsverordnungen zu vereinheitlichen, doch konnte man sich beispielsweise erst 1956 auf die heute gültige Kennzeichengröße von 152 × 304 mm einigen!

Ed Cole und Harley Earl hatten ihr Traumziel mit der ersten Corvette nicht ganz erreicht: Sie war noch keine Konkurrenz für Jaguar. Dennoch war sie besser als die Presseberichte vermuten lassen — damals wie heute! Trotz der etwas trägen Getriebeautomatik und des nur zaghaft modifizierten Großserien-Sechszylinders sprintete die Corvette in 11 Sekunden von 0 auf 100 km/h und überschritt die magische Höchstgeschwindigkeit von 100 mph (ca. 160 km/h) spielend. Wenn das 53er Modell auch nicht zu den Schnellsten seiner Hubraumklasse zählte, standen seine Qualitäten als leichter Reisesportwagen der etablierteren Konkurrenz in nichts nach. „Chevrolet hat einen Schalensitz-Roadster im Programm, der es durchaus mit europäischen Produkten aufnehmen kann, zumal er keine direkte Konkurrenz zu fürchten hat," schrieb das Magazin „Motor Trend", „und (ist dabei in mancher Hinsicht besser als) die mehr als dreimal so teuren Importe."

Die GM-Bosse hatten die erste Auflage 1953 auf 300 Exemplare limitiert, weil sie von einer erfolgreichen Massenproduktion des neuen Modells immer noch nicht restlos überzeugt waren. Trotz der unerwartet positiven Resonanz und zahlreicher verzeifelter Händleranfragen hielten sie an diesem Limit fest und trieben dadurch unbeabsichtigt den Sammlerwert der ersten Serie in schwindelnde Höhen. Über 200 Exemplare sind heute noch registriert; die Wagen mit den Fahrgestellnummern 1 und 2 wurden vermutlich verschrottet, doch sind mir einige fast so alte Corvette bekannt. Der Prozentsatz der heute noch existierenden 53er-Corvette-Modelle ist trotzdem vergleichsweise niedrig, wenn man bedenkt, daß zum Beispiel mehr als 80 % der fast ebenso seltenen Kaiser-Darrin überlebten. Ein Grund für die hohe Ausfallquote dürfte in der Verteilungspraxis dieser ersten 300 Corvette gelegen haben, denn die meisten Exemplare wurden an hochgestellte Persönlichkeiten oder Filmstars verschenkt, die den Wert des Wagens natürlich in den seltensten Fällen zu schätzen wußten und ihre „Spielzeuge" auch kaum mit der Hingabe eines echten Enthusiasten pflegten.

Vom 1954er Modell entstanden im Werk Flint gerade noch 15 Exemplare, dann wurde die Produktion auf ein eigens eingerichtetes Montageband im Werk St. Louis, Missouri, verlegt, wo ab Mitte 1954 bis zu 50 Corvette pro Tag entstanden. Anfangs wurden kaum Veränderungen gegenüber der Vorjahresserie vorgenommen, nach und nach flossen dann aber

Der junge Mann hat gut lachen: Er sitzt schließlich in einer der ersten Serien-Corvette von 1953, gebaut im Chevrolet-Werk Flint in Michigan. Der Produktionsanlauf hatte sich monatelang verzögert, und als endlich alle Probleme aus dem Weg geräumt waren kam die Direktive, erst einmal nur 300 Stück zu produzieren. Die GM-Manager überlegten allen Ernstes, ob die Corvette wirklich so eine gute Idee gewesen war.

verschiedene Verbesserungen in die laufende Produktion ein. Ein 54er Modell läßt sich (vorausgesetzt es wurde nicht nachträglich verändert) leicht anhand des nun braunen Verdecks identifizieren. Die Kraftstoff- und Bremsleitungen waren an der Innenseite des rechten Rahmenlängsträgers verlegt, der Motor hatte einen neuen Ventildeckel erhalten, der Kabelbaum präsentierte sich aufgeräumter und die einzelnen Kabel waren kunststoff-

Das sind nur die wichtigsten GFK-Teile der Corvette-Karosserie — insgesamt waren es 46 Einzelteile, mit denen die Arbeiter in Flint (und später in St. Louis) ihre liebe Not hatten.

statt stoffisoliert. Die in Flint montierten Motoren trugen den Zusatz „F54YG“ in der Motornummer. Erstmals standen mehrere Lackierungen zur Wahl.

Obwohl noch immer etwa vier von fünf Corvette des Jahrgangs 1954 in Polo-Weiß ausgeliefert wurden, waren ungefähr 16 Prozent „Pennant Blue“ lackiert und mit braunem Interieur mit dunkelbraun abgesetztem Armaturenbrett und Lenksäule ausgestattet. Blaue und weiße Corvette hatten rote Felgen. Knappe 3 % wurden in „Sportsman Red“ mit rot-weißem Interieur bestellt und nur ganz wenige in Schwarz mit ebenfalls rot-weißem Interieur. Insgesamt entstanden 1954 3640 Corvette.

Bereits die frühen 54er Modelle hatten nur noch einen Motorhauben-Entriegelungshebel. Ab Fahrgestellnummer 1900 wurden die drei einzelnen Luftfilterpatronen durch einen Zweikammer-Filter ersetzt. Zwischen Fahrgestellnummer 1363 und 4381 hatten ungefähr 20 Prozent der 1954 produzierten Corvette einen verchromten Ventildeckel und/oder verchromte Zündkabelabdeckungen. Ab Fahrgestellnummer 3600 wurde der Verdeckmechanismus überarbeitet, wodurch sich auch die Form des geschlossenen Verdecks geringfügig änderte. Die Spriegel verschwanden nun zwischen Sitzlehne und Karosserie — vorher waren noch Schlitze in der Abdeckung hinter den Sitzen nötig gewesen.

Die Verkaufszahlen des 54er Modells waren an GM-Maßstäben gemessen lächerlich gering, und zur Jahresmitte wurde ernsthaft über die Zukunft der Corvette diskutiert. Die Gegner argumentierten, daß die Corvette weder Fisch noch Fleisch sei, als Sportwagen zu langsam und als Boulevard-Cruiser ohne Kurbelscheiben, wirksame Umluftheizung (die Corvette hatte wie zum Beispiel der Triumph TR2 eine primitive Wärmetauscher-Heizung), automatisches Verdeck oder Hardtop zu unkomfortabel. Die Sportwagenfans bei GM monierten das Automatikgetriebe und kindische Gags

Die ersten Corvette wurden von diesem modifizierten Chevrolet-Reihensechszylinder angetrieben, der für knapp 150 PS gut war (in der Chevrolet-Limousine leistete er gerade 105 PS). 1955 wurden lediglich noch sechs bis zehn Exemplare mit diesem Motor ausgerüstet, der Rest erhielt den neuen Chevrolet-V8.

wie die Zierfelgen mit ihren Zentralverschluß-Attrappen. Die Händler reklamierten chronische Wasser- und Staubeinbrüche, die offensichtlich nicht in den Griff zu bekommen waren. So unglaublich das heute klingen mag: Im September 1954 standen die Montagebänder in St. Louis still und die Händler mußten über 1500 auf Halde stehende Corvette wie Sauerbier anbieten!

Die GM-Stylingabteilung schlug für den Modelljahrgang 1955 einen in kleine, rechteckige Felder unterteilten Kühlergrill wie am 1955er Chevrolet vor. Sie plädierten auch für eine Lufthutze auf der Motorhaube, einen neuen Kofferraumdeckel und anders verlegte Auspuffendrohre (die in ihrer bisherigen Einbaulage die angrenzenden Karosserieflächen verschmutzten). Die GM-Chefs wollten von diesen Vorschlägen jedoch nichts wissen, denn man diskutierte allen Ernstes, ob es überhaupt ein 55er Modell geben sollte! Am Ende konnten sie sich jedoch dazu durchringen, der Corvette noch eine letzte Chance zu geben — wie so oft in der Geschichte des Konzerns eine glückliche Entscheidung!

Obwohl eine neue, „heißere" Nockenwelle dem Sechszylindermotor fünf zusätzliche Pferdestärken entlockte, wurden weniger als 10 Corvette des Modelljahrgangs 1955 mit diesem Motor verkauft. Alle anderen Corvette waren mit dem phantastischen neuen 256 cid (4343 ccm) großen Chevrolet-V8-Motor ausgerüstet, der bei 5000 U/min 195 PS aus dem Ärmel schüttelte und dabei gegenüber dem Sechszylinder noch 15 kg weniger Gewicht auf die Waage brachte. Der V8 verkürzte die Beschleunigungszeiten von 0 auf 100 km/h auf knappe 9 Sekunden und hob die Höchstgeschwindigkeit auf 190 km/h. Unerklärlicherweise verkaufte sich die 55er Corvette nur knapp 700 mal, und das, obwohl 1955 in punkto Verkaufszahlen ein neues Rekordjahr für die amerikanische Automobilindustrie war.

In diesem Zusammenhang wird oft fälschlicherweise bemerkt, daß die GM-Oberen 1955 erneut die Zukunft der Corvette in Frage gestellt hätten.

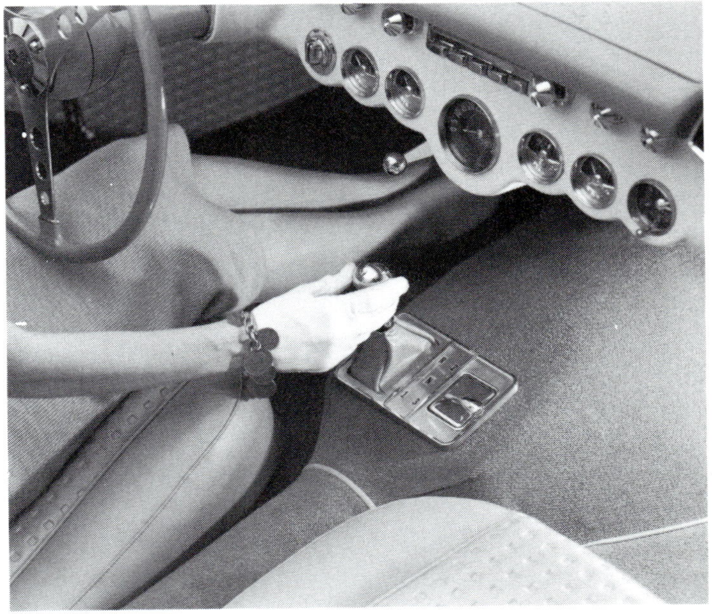

Ein Dreigang-Schaltgetriebe gab es erst Ende 1955, und nur wenige Corvette dieses Baujahrs wurden auch damit ausgerüstet. Ab 1956 wurden jedoch 80 bis 85 Prozent aller Corvette mit Schaltgetriebe bestellt. Gut zu sehen auf diesem Bild die zentrale Instrumenteneinheit mit Drehzahlmesser.

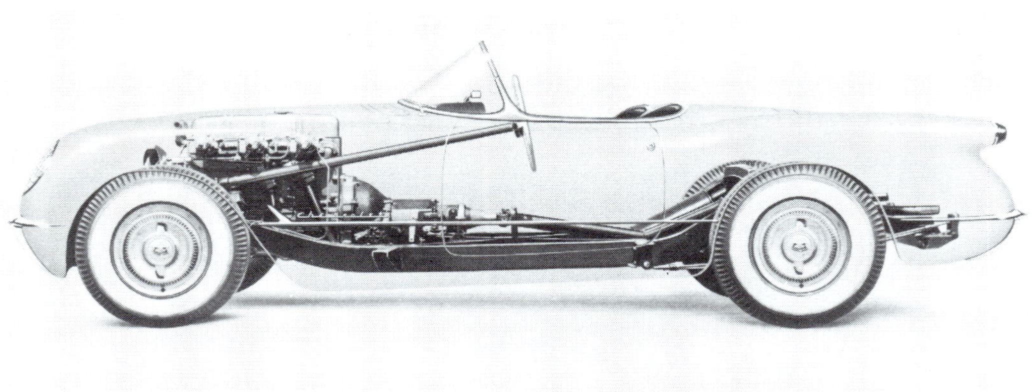

Eine gleichmäßige Gewichtsverteilung wurde durch das Zurücksetzen der Antriebseinheit hinter die Vorderachse erreicht. Konstrukteur Robert McLean senkte Motor und Getriebe außerdem so weit wie möglich zwischen die Rahmenträger, um den Schwerpunkt niedrig zu halten.

Karosserie trifft Fahrwerk in St. Louis. Dieses Chevrolet-Montagewerk wurde eigens für die Corvette eingerichtet und produzierte alle Corvette-Modelle bis auf die ersten 15 Exemplare, die noch in Flint entstanden waren.

Dabei liegt jedoch eine Verwechslung vor: Die Diskussionen fanden anläßlich des geplanten Modelljahrgangs 1955 statt, also noch im Jahre 1954. Während in St. Louis noch der 55er Jahrgang von den Bändern tröpfelte, hatte man bei Chevrolet bereits die Pläne für ein komplett überarbeitetes 1956er Modell vorliegen, das — wie wir heute wissen — den Anfang einer steilen Karriere markierte. Der 55er Jahrgang war also ein Lückenfüller.

Ganz allgemein betrachtet präsentierten sich die 55er Modelle sauberer verarbeitet, auch die GFK-Teile waren exakter gefertigt. Die meisten aus den Anfangsjahren bekannten Kinderkrankheiten waren beseitigt, und am Ende des ersten Stylingzyklus erwies sich das Produkt als besser und zuverlässiger denn je. Die Wagenfarbe „Pennant Blue" hatte bald einem „Harvest Gold" genannten Farbton weichen müssen, dazu gab es ein mittelgrünes Interieur und ein dunkelgrünes Verdeck. Ab 1955 gab es auf Wunsch die Farbe „Metallic Corvette Copper", einen hellen Kupferton, und ein „Gypsy Red" genannter Farbton löste das bekannte „Sportsman Red" ab (der Innenraum war mit weißem Vinyl ausgeschlagen, die Sitze mit rot abgesetzten Sattelnähten verziert, dazu gab es braunen Teppichboden und ein braunes Verdeck). Bei den V8-Versionen, also bei fast allen 1955er-Corvette-Modellen, war der Buchstabe „V" im „Corvette"-Schriftzug goldfarben abgesetzt und deutete so auf die neue Motorisierung hin.

Während die Sechszylinder-Versionen sich weiterhin mit einer Sechs-Volt-Elektrik begnügen mußten, erhielt die V8-Corvette ein Zwölf-Volt-System und einen neuen, bis 6000 U/min reichenden Drehzahlmesser. Die V8-Modelle hatten auch elektrisch betriebene Scheibenwischer (statt der pneumatisch betätigten) und wieder eine fußbetätigte Scheibenwaschanlage. Als Kraftübertragung stand auch 1955 nur das Powerglide-Automatikgetriebe zur Verfügung, doch hatte man die automatische Unterdrucksteu-

Diese frühe 53er Corvette trägt noch die von der Chevrolet-Limousine bekannten glatten Radkappen. Später wurden die unansehnlichen Stahlblechräder hinter großen Zierfelgen mit Zentralverschluß-Attrappen versteckt.

Eine Corvette-Parade auf dem Lake Shore Drive in Chicago im Jahre 1953. Auf der Gegenfahrbahn die Vertreter des zeitgenössischen Automobilstylings, von Ken Purdy verächtlich als „teigige Masse schwülstiger Blasen" bezeichnet. 1954 verfügten viele Händler über einen ähnlich großen Corvette-Fuhrpark, da sich die ersten Modelle nur zögernd verkauften.

Die 54er Corvette präsentierte sich optisch nahezu unverändert. Das manuell betätigte Verdeck verschwand in geöffnetem Zustand unter einer Klappe hinter den Sitzen. Weit herumgezogene „Panorama-Windschutzscheiben" waren in den fünfziger Jahren ein Muß für jeden Designer.

erung entfernt, so daß der Kickdown-Effekt nur noch von Fahrgeschwindigkeit und Gaspedalstellung abhängig war. Gegen Ende des Jahres wurde jedoch einer nicht genau bekannten Anzahl Corvette ein enggestuftes Dreiganggetriebe mit Mittelschaltung eingepflanzt, in Verbindung mit einer etwas länger übersetzten Hinterachse (3,55:1 statt 3,7:1).

Der heutige Sammlerwert der ersten Corvette-Generation richtet sich nach den Produktionszahlen. Die 53er Modelle sind erfahrungsgemäß mit Abstand die teuersten, die 55er rangieren irgendwo zwischen den Jahrgängen 1953 und 1954. In meinen Augen kann man mit dem beim Kauf einer 55er gegenüber einer 53er Corvette gesparten Geld sicher etwas Schönes anfangen. Außerdem waren die 55er Modelle ihren Vorgängern in jeder Hinsicht überlegen — besser verarbeitet, in größerer Ausstattungsvielfalt erhältlich und vor allem mit dem großen Achtzylinder gesegnet! Was den Verbrauch dieses Drehmomentwunders angeht, so war der 265 cid (4343 ccm) große V8 relativ sparsam und ging mit beruhigend niedrigen Drehzahlen zu Werke. Natürlich sind die genannten Modelle etwas für echte Enthusiasten, denn billig sind sie alle drei nicht! Allerdings: Billiger werden sie wohl auch nicht mehr werden!

Eine 1955er Corvette mit V8-Motor, erkennbar an dem modifizierten Schriftzug mit dem großen „V" hinter den vorderen Radausschnitten. Das 55er-Modell war besser verarbeitet als seine Vorgänger und in mehreren Lackierungen erhältlich.

KAPITEL 3

Retuschen und Verfeinerungen

1956 bis 1962

In den Augen von Chevrolet-Generaldirektor Ed Cole war die Corvette mit dem Sechszylindermotor untermotorisiert und mußte wie der Rest des Chevrolet-Programms unbedingt schleunigst ein V8-Triebwerk haben. Die Arbeit an dem neuen Triebwerk begann unmittelbar nach Coles „Thronbesteigung" bei Chevrolet. Mit dem V8 mauserte sich die Corvette von einem zwar akzeptablen, aber recht unspektakulären Freizeitsportler zu einem echten Hochleistungs-Sportwagen. Nun war es an Harley Earl und seinen Mannen, das Kraftpaket ansprechend einzukleiden. Eine Aufgabe, die sie 1956, im zweiten Jahr der V8-Version, auch in Angriff nahmen.

Inspiriert wurde das Styling der 1956er Corvette zweifellos von den Motorama-Ausstellungsstücken „Biscayne" und „LaSalle II" (siehe auch Kapitel 8). Von der kompakten Biscayne-Limousine mit vier Türen (ohne Mittelsäule) stammte die Idee mit den konkaven Karosserieflanken, die „LaSalle"-Studie (die auf der Motorama als Roadster und Limousine zu bewundern war) regte die Verlegung der Einbuchtung vom hinteren in den vorderen Kotflügel an. Harley Earl gab später schmunzelnd zu, daß er mit der Betonung der Fahrzeugflanken an den LeBaron-Schwung anknüpfen wollte, ein Vorkriegs-Stilmittel, das den Karosseriebauer LeBaron berühmt gemacht hatte und bei vielen Duesenberg-Modellen zu sehen war. Ob abgekupfert oder nicht — auf jeden Fall lockerte die Einbuchtung die öde, großflächige Flanke auf und verlieh der Karosserie Pfiff.

Das 1956 in Serie gegangene Modell war in jeder Beziehung die bislang ausgewogenste und ausgereifteste Corvette und hatte nichts mehr vom Prototypencharakter ihrer Vorgängerinnen. Ihre Designer hatten in gewisser Weise sogar Anleihen bei europäischen Sportwagen gemacht, und der Historiker Karl Ludvigsen schrieb dazu, daß der Mercedes 300 SL den dynamischen Schwung der Kotflügellinien und die beiden langgestreckten Ausbeulungen auf der Motorhaube angeregt habe. Dabei war die 56er Corvette keineswegs ein bloßes Sammelsurium verschiedener Stilelemente — sie präsentierte sich rundum gelungen und aus einem Guß, mit den Rundungen an den richtigen Stellen und wenig störendem Beiwerk, sieht man von dem überladenen Kühlergrill einmal ab. Von den oft kritisierten Spielereien der ersten Generation waren nur die Lufthutzenattrappen auf den Kotflügeln und die „Zentralverschluß"-Zierfelgen übriggeglieben. Rückblickend kann man heute sagen, daß das 1956er Modell (und sein optisch unveränderter Nachfolger von 1957) stilistisch klarer gestaltet waren als die Modelle ab 1958. Diese wohltuende Schlichtheit sorgte in Verbindung mit den Verbesserungen in der Mechanik dafür, daß die beiden Jahrgänge 1956 und 1957 heute ebenfalls zu den gesuchtesten und bestbezahlten Corvette-Modellen zählen.

Doch nicht nur der Form, sondern auch der Funktion wurde 1956 größere Beachtung geschenkt. 1955 hatte Ford jeder verkauften Corvette fünf Thunderbird entgegenhalten können, und die Chevrolet-Designer mußten zähneknirschend eingestehen, daß das wohl mit an den zahlreichen nicht mehr ganz zeitgemäßen Detaillösungen wie den Steckscheiben, den fehlenden Türaußengriffen, der schlechten Rundumsicht und der (für amerikanische Verhältnisse) umständlichen Verdeckbedienung der 1953/55er Corvette gelegen haben mag. So erhielt die 56er Corvette Kurbelscheiben und Türgriffe, dazu gab es gegen Aufpreis ein hübsches, gepolstertes und abnehmbares Hardtop mit großen Glasflächen und dünnen Säulen. Im Gegensatz zum Thunderbird (Ford hatte bereits 1958 das Ende des Zweisitzers beschlossen und die Entwicklung einer viersitzigen Variante forciert) verzichtete man bei der Corvette auf modische Gags wie „Bullaugen" in der C-Säule, ein außen montiertes Reserverad oder die in den späten fünfziger Jahren üppig sprießenden Heckflossen. Während der Thunderbird sich in Richtung „Boulevardschaukel" entwickelte, blieb die Corvette ihrem ambi-

Die für 1956 mit einer neugestalteten Karosserie versehene Corvette präsentierte sich schlicht und schnörkellos. Einzig der „Haifisch"-Kühlergrill war als Erkennungsmerkmal von der Serie 1953-55 übernommen worden.

valenten Charakter als alltagstauglicher Sportwagen treu.

Obwohl das 56er Modell auch weiterhin mit dem 265 cid (4343 ccm) großen V8 ausgerüstet wurde, sorgte eine von Corvette-Ingenieur Zora Arkus-Duntov entwickelte Nockenwelle in Verbindung mit einer auf 9,25:1 angehobenen Verdichtung für zusätzlichen Schub — 225 PS bei 5200 U/min und ein maximales Drehmoment von 360 Nm bei 3600 U/min waren die neuen Daten. Dem Dreigang-Schaltgetriebe wurde eine stärker dimensionierte Kupplung mit 12 einzelnen Schraubenfedern (statt der bislang verwendeten Tellerfeder) vorgeschaltet und die serienmäßige Hinterachsübersetzung von 3,55:1 konnte auf Wunsch gegen einen länger (3,27:1) übersetzten Zahnradsatz ausgetauscht werden. Die Powerglide-Automatik gab es gegen 189 $ Aufpreis nach wie vor in Verbindung mit der kürzeren Hinterachsübersetzung.

Die Summe dieser Veränderungen bescherten dem Corvette-Fahrer Beschleunigungszeiten von 7,5 Sekunden von 0 auf 100 km/h und 16 Sekunden für die Viertelmeile mit stehendem Start. Das größte mechanische Problem waren 1956 die Bremsen: An allen vier Rädern gingen immer noch Trommelbremsen mit insgesamt nur 1091 cm^2 wirksamer Bremsfläche zu Werke. Bereits nach einer einzigen Vollbremsung war von dieser Anlage nicht mehr allzu viel zu erwarten! Trotz alledem war die 56er Corvette ein handliches Fahrzeug mit fast idealer Gewichtsverteilung (52/48 %) und einer leichtgängigen, direkten Lenkung mit nur 3,5 Lenkradumdrehungen von Anschlag zu Anschlag.

Der Modelljahrgang 1957 präsentierte sich optisch unverändert, doch unter dem „Blech" war die Entwicklung nicht stehengeblieben. Die wichtigste Veränderung war der auf 283 cid (4638 ccm) vergrößerte V8-Motor, die interessanteste die wahlweise angebotene „Ramjet"-Kraftstoffeinspritzung, die den amerikanischen Leistungs-Traumwert von einem PS pro Kubikzoll Hubraum ermöglichte. Die Einspritzanlage war von der Vergaserfabrik Rochester nach General-Motors-Vorgaben entwickelt worden. Ein vielversprechendes Experiment, das den „Fuelie-'Vettes" genannten Einspritzer-Versionen einen hohen Sammlerwert einbrachte. Im Alltagsbetrieb

Die Idee mit den konkaven Karosserieflanken stammte von den Showcars „Biscayne“ und „LaSalle II“. Die Corvette gab es auf Wunsch mit farbig abgesetzten konkaven Flächen, doch auch in uni wirkte das ungewöhnliche Stilmittel sehr vorteilhaft. Die Auspuffendrohre saßen in den Kotflügelenden und verschmutzten die angrenzenden Karosserieflächen.

bereitete die Einspritzanlage häufig Probleme — die jedoch in den Griff zu kriegen sind und einen echten Corvette-Fan nicht abschrecken sollten!

Die auf einem speziellen Ansaugkrümmer montierte Rochester-„Ramjet“-Einspritzanlage verfügte über einen Luftmengenmesser und eine Regeleinheit für den Kraftstoff-Durchfluß, mit deren Hilfe ein optimales Verbrennungsgemisch aufbereitet wurde. Eine von der Zündverteilerwelle angetriebene Hochdruckpumpe besorgte die Kraftstoffzufuhr. In der oberen Hälfte des aus zwei Hälften bestehenden Ansaugkrümmers befanden sich Luftmengenmesser und Ansaugkanäle, in der unteren Hälfte der Gußform, die gleichzeitig Gehäusedeckel war, saßen Kraftstoffleitungen und Einspritzventile. Obwohl der Verdacht einer kleinen Schummelei naheliegt, bescheinigte Chevrolet dem Einspritzer-V8 eine Leistung von 283 Brems-PS bei 6200 U/min. Zum ersten Mal hatte ein Großserien-Automobiltriebwerk den magischen Leistungskoeffizienten von einem PS pro Kubikzoll Hubraum erreicht!

„Ramjet“ hieß das neue Zauberwort und die Gebete der Rennfahrer schienen erhört worden zu sein. Die ersten Einspritzer-Corvette tauchten auf den Rennstrecken auf — und fielen aus! Die Mechaniker mußten die Schiebebetrieb-Abschaltung außer Kraft setzen, um beim brutalen Gasaufreißen ohne Loch sofort Leistung zu haben. Schlimmer noch: Die Einspritzdüsen verstopften schnell und wurden zwischen den Zylinderreihen zu heiß, was sich in miserablem Leerlauf niederschlug. Auch die im Straßenverkehr bewegten Corvette ärgerten ihre Besitzer mit solchen Kleinigkeiten, weshalb 1957 auch nur 240 Exemplare mit Ramjet-Einspritzung verkauft wurden. Wenn die Ramjet-Corvette jedoch lief, dann richtig: Beschleunigungszeiten von knapp 6,5 Sekunden von 0 auf 100 km/h waren immer drin!

Vom historischen Standpunkt betrachtet war der durch Aufbohren des 265 cid großen Motors (auf 98,4 mm Bohrung) entstandene neue 283er V8 natürlich wichtiger. Er war in fünf verschiedenen Leistungsstufen erhältlich: Mit 220 PS und einem Vergaser, mit 245 oder 270 PS und zwei Vergasern und mit 250 oder 283 PS und Benzineinspritzung. Im Gegensatz zum 265er hatte der Neue Mehrbereichs-Zündkerzen, größere Kanäle, breitere Kurbelwellenlager und Kolben mit Ölabstreifringen. Die gegen Aufpreis erhältliche Doppelrohr-Auspuffanlage verfügte zur gleichmäßigen Verteilung des Gasdurchsatzes auf beide Schalldämpfersysteme über ein Interferenzrohr.

Im Mai 1957 tat die Corvette einen weiteren Schritt in Richtung ernstzunehmenden Sportwagen: Sie erhielt ein von Chevrolet konstruiertes Borg-Warner-Vierganggetriebe, das gegen einen Aufpreis von 188 $ erhältlich war. In Wirklichkeit handelte es sich um ein modifiziertes Dreiganggetriebe, bei dem der Rückwärtsgang aus dem eigentlichen Getriebegehäuse ausge-

Ab dem Jahrgang 1956 gab es für die Corvette ein abnehmbares Hardtop mit filigranen Dachpfosten, die eine gute Rundumsicht gewährten.

Dieses Foto ist retuschiert: Im Original hatte der Wagen ein hell abgesetztes Hardtop und Reifen mit schmalen weißen Streifen. Beide Ausstattungsmerkmale sollten jedoch nicht in Serie gehen.

Zu zweit war man beim Abnehmen oder Aufsetzen des Hardtops natürlich besser dran. Im Bild ein 1956er Modell.

gliedert worden war, um Platz für das vierte Zahnradpaar zu schaffen. Das neue Getriebe war eng gestuft — 2,20, 1,66, 1,31 und 1,00:1 — und in Verbindung mit den üblichen Hinterachsversionen zu haben. Eine 4,11:1 übersetzte Sportachse verhalf der Ramjet-Corvette zu einer atemberaubenden Beschleunigung von 5,5 Sekunden von 0 auf 100 km/h, und selbst mit dieser kurzen Achsübersetzung betrug die Höchstgeschwindigkeit der Einspritzversion noch über 210 km/h. Wem das immer noch nicht reichte, für den gab es auch noch eine 4,56:1 übersetzte Achse ...!

Für den sportlich ambitionierten Corvette-Fan war auch der „RPO 684" (für „Regular Production Option") genannte Fahrwerkskit interessant. Der Kit umfaßte einen neuen Querstabilisator vorn, härtere Federn und Dämpfer, Sintermetall-Bremsbeläge, belüftete und verrippte Bremstrommeln, ein „Positraction"-Sperrdifferential und ein „schnelles" Lenkgetriebe mit nur 2,9 Lenkradumdrehungen von Anschlag zu Anschlag. Mit diesem über den Ladentisch erhältlichen Paket war die Corvette plötzlich ein nicht zu unterschätzender Konkurrent auf allen Rennstrecken. In Sebring gewannen zwei derart aufgebaute Corvette 1957 die GT-Klasse mit über 20 Runden Vorsprung vor dem ersten Mercedes und sicherten sich in einem reinen Prototypen-Feld die Plätze 12 und 15 im Gesamtklassement.

Der Sebring-Erfolg war nicht nur Wasser auf die Mühlen der sportbegeisterten Corvette-Befürwortern bei Chevrolet, er rüttelte auch die internationale Automobilpresse wach. „Vor Sebring hatten wir die Corvette für ein Plastikspielzeug gehalten," schrieb ein europäischer Motorsportjournalist, „seit Sebring wissen wir, daß die Amerikaner über einen reinrassigen Sport-

Die 1957er Corvette schob in scharf gefahrenen Kurven deutlich über die Vorderräder, doch war die Straßenlage trotz der Labilität um die Fahrzeuglängsachse für amerikanische Verhältnisse phantastisch. Gegenüber dem Jahrgang 1956 war wenig verändert worden, die Verkaufszahlen legten trotzdem beständig zu.

wagen verfügen, der auf der Straße und auf der Rennstrecke ganz vorne mitmischen kann."

1958 ist der amerikanischen Automobilindustrie wie 1982 als ein schreckliches Flautenjahr in böser Erinnerung. Unter den großen Herstellern verbuchte lediglich Rambler bescheidene Zuwachsraten. Bei den Sondermodellen und Spezialfahrzeugen sah es nicht ganz so schlimm aus. Der brandneue, viersitzige Ford Thunderbird schlug ein wie eine Bombe, und auch die nicht mehr ganz so junge, aber immer noch ganz passable Corvette konnte sich über ein Umsatzplus von fast 50 % freuen. 1958 wurden insgesamt 9168 Corvette verkauft (gegenüber 6339 im Vorjahr und 3467 im Jahre 1956). Das 58er Modell war jedoch im Vergleich zu den 57er Versionen ziemlich zahm. General Motors hatte sich wie viele andere Detroiter Größen einem Aufruf der Automobilhersteller-Vereinigung (AMA) angeschlossen, keine Rennsportaktivitäten mehr zu unterstützen oder zu fördern. Der Aufruf war vom Nationalen Sicherheitsrat angeregt worden und im Grunde das geistige Kind einer Gruppe ältlicher Ratsherren, denen

Zora Arkus-Duntov (links) mit dem Autotester Tom McCahill hinter einer frühen 57er Corvette mit Hardtop. Die Lufthutzen auf den vorderen Kotflügeln waren Attrappen.

McCahill und Duntov inspizieren den Motorraum einer 57er Einspritzer-Corvette mit 283er V8-Motor. Die von Rochester im Auftrag von GM entwickelte Einspritzanlage ermöglichte zwar sensationelle Fahrleistungen, erwies sich aber auf der Rennstrecke als problematisch. Lediglich 240 Exemplare des Jahrgangs 1957 wurden als Einspritzer-Versionen verkauft.

irgendjemand eingeredet hatte, der Rennsport schüre aggressives Verhalten im Straßenverkehr! Einer ähnlichen Gruppe verdankte die Nation wenige Jahre später die ungeliebte Anlaßsperre, die ein Starten des Motors bei nicht angelegtem Sicherheitsgurt verhinderte - auch wenn man seinen Wagen nur von der Einfahrt in die Garage fahren wollte. Ein komisches Völkchen, diese Amerikaner!

Wie dem auch sei, für eine Weile jedenfalls hielten sich GM und die anderen an die Abmachungen und betonten den erzwungenen Wertewandel sogar in ihren neuen Modellen. Es wäre allerdings unfair, der AMA an dieser Stelle die alleinige Schuld an der trostlosen Situation auf dem amerikanischen Automobilmarkt 1958 zuzuschieben. Da stilistische Entwicklungen immer ihre Zeit brauchen läßt sich ausrechnen, daß die von Ford und GM 1958 propagierten monströsen Formen bereits 1955 ausgearbeitet worden waren, als auf den amerikanischen Straßen angeblich noch der Rennsport-Nahkampf tobte. 1958 war trotzdem kein gutes Jahr für die Corvette.

Im Vergleich zum 57er Modell war die Corvette von 1958 schwerer geworden und sah irgendwie verbissen-ernsthaft aus, vor allem von vorne. Einer Modeerscheinung folgend hatte sie Doppelscheinwerfer erhalten, von denen sich ein breiter Streifen polierten Metalls über die Kotflügel nach hinten wälzte. Die Motorhaube hatte man mit angedeuteten Entlüftungsschlitzen übersät und Flanken und Heck mit unnützem Chromzierrat gespickt. Die Karosserie des vormals so schlanken Roadsters war 250 mm läger und fast 80 mm breiter geworden, und mit 1362 kg schleppte die Corvette 1958 fast einen Zentner Mehrgewicht mit sich herum.

Mächtiger, schwerer und etwas überladen wirkte die dem allgemeinen Trend folgend überarbeitete Corvette von 1958. Die Corvette war fast 80 mm breiter und 250 mm länger geworden und brachte gegenüber der 57er Version fast einen Zentner Mehrgewicht auf die Waage.

Bei dieser Corvette des Jahrgangs 1958 handelt es sich offensichtlich um ein Ausstellungstück (man beachte die dünnen weißen Streifen auf den Reifen). 1958 erhielt die nach hinten weisende Entlüftungshutze an der Vorderkante der konkaven Flanke drei Chrom-"Zähne".

Aus diesem Blickwinkel fällt auf, daß das Hardtop der 58er Corvette ebenfalls etwas wuchtiger ausfiel. Bill Mitchell mochte das Styling nicht besonders und machte sich nach dem Ausscheiden von Harley Earl sofort ans Werk.

Die in die Kotflügel eingelassenen Heckleuchten der 58er Corvette waren stilistisch ja noch geglückt, was man von den breiten Chromstreifen auf der Kofferraumhaube und der „erotischen" Stoßstange nicht gerade behaupten kann.

Die wenigen begrüßenswerten Veränderungen fanden im Innenraum und unter der Motorhaube statt. Zora Duntov hatte das Armaturenbrett neu gestaltet und die Instrumente samt Drehzahlmesser dahin gerückt, wo sie auch hingehörten — hinter das Lenkrad. Die Kraftstoffeinspritzung war angeblich verbessert worden und sorgte für etwas mehr Leistung — 250 und 290 PS — während die Vergaserversionen nun mit 230, 245, 250 und 290 PS zu haben waren. Der Fahrwerkskit RPO 684 war nach wie vor erhältlich und die Corvette gewann 1958 und 1959 unter anderem die vom SCCA ausgeschriebene nationale Meisterschaft in der Produktionswagenklasse B — natürlich ohne offizielle Unterstützung durch General Motors!

Das gewichtigere Styling war ein Vermächtnis von Harley Earl, der 1958 seinen Platz Bill Mitchell überließ. Mitchell konnte in der Kürze der Zeit natürlich nicht etwas komplett Neues auf die Räder stellen, und seine Kreation sollte noch bis 1961 auf sich warten lassen. Dem üblichen Detroit-Zyklus folgend änderte sich 1959 und 1960 nicht viel am Corvette-Design, obwohl es Duntov und einigen Unermüdlichen gelungen war, wenigstens die Entfernung der Entlüftungsschlitz-Attrappen auf der Motorhaube durchzusetzen! Neu im Angebot war ein nur 27 $ teures, „RPO 686" genanntes Ausstattungspaket mit Sintermetall-Bremsbelägen, die das problematische Heißbremsverhalten erträglicher machten. Die zum Trampeln neigende Hinterachse stützte sich nun über zwei Schubstreben ab.

Zora Duntov konnte die „Innenarchitekten“ 1958 von der Notwendigkeit eines neuen Armaturenbretts überzeugen. Der Drehzahlmesser saß nun endlich da wo er hingehörte, die diversen anderen Rundinstrumente schön daneben. Die neue Mittelkonsole beherbergte Radio, Zeituhr und die Bedienungselemente der Heizung.

Mitchell arbeitete währenddessen an einer Corvette-Studie für 1960, „Q-Car“ genannt, die über Einzelradaufhängung hinten und ein am Differential angeflanschtes Getriebe verfügte. Das Design des auf einem Radstand von 2387 mm basierenden „Q-Car“ nahm bereits etliche 1963 im „Sting Ray“ verwirklichte Detaillösungen vorweg. Doch die Zeiten waren schlecht für Chevrolet, deren Heckflossen-Schlachtschiffe immer mehr Kunden in die Arme der Konkurrenz (hauptsächlich Ford) trieben. So wurde die Arbeit an dem „Q-Car“-Projekt zugunsten einer nur wenig modifizierten 60er Corvette eingestellt.

Beim Corvette-Jahrgang 1960 geizte man nicht mit Aluminium, und so bestanden Kupplungsglocke, Kühler und sogar die Zylinderköpfe der Einspritzversionen aus dem Leichtmetall. Letztere verzogen sich bei höheren Temperaturen jedoch zu schnell, und man verzichtete bald auf diese kostspieligen Teile. Ein Novum (für amerikanische Wagen) war der Querstabilisator an der Hinterachse, der die seitlich Belastung der Blattfedern verminderte und so den Einbau weicherer Federn erlaubte, was den Fahrkomfort spürbar verbesserte. 1960 war schließlich auch das Jahr, in dem die Corvette in Le Mans einen schönen Erfolg feiern durfte.

Briggs Cunningham hatte drei Corvette für die GT-Klasse gemeldet. Eine von ihnen erreichte auf der Mulsanne-Geraden unter Bob Grossman

Für 1959 verschwanden die falschen Entlüftungsschlitze von der Motorhaube der Corvette, die ansonsten relativ unverändert weiterproduziert wurde. Die erstmals angebotenen Sintermetall-Bremsbeläge waren ein sehr sinnvolles Extra und kosteten nur 27 $ Aufpreis.

Aus dieser Perspektive sticht die schlanke Silhouette des 1959er Corvette-Roadsters ins Auge. Man beachte die weit herumgezogene „Panorama"-Windschutzscheibe.

Auch die Heckpartie des 59er Modells zeigte sich deutlich aufgeräumter. Vergleichen Sie diese Aufnahme mit dem Foto des Hardtop-Corvette-Hecks von 1958!

Ein Corvette-Roadster von 1960. Mit einer 4,11:1 übersetzten Hinterachse spurtete die Corvette mittlerweile aus dem Stand in nur 14 Sekunden über die Viertelmeile und erreichte dabei eine Geschwindigkeit von 160 km/h!

und John Fitch Höchstgeschwindigkeiten von über 242 km/h und kam auf den achten Platz in einem sehr stark besetzten Starterfeld. Dieser Erfolg machte in den Staaten große Schlagzeilen und bewies, daß es trotz des offiziellen Rückzugs des GM-Konzerns aus dem Rennsport immer noch genügend Spezialisten gab, die sich um die schnelle Corvette kümmerten. Zum Glück gab es die dazu notwendigen Zubehörteile immer noch ohne Waffenschein über die Ladentheke zu kaufen!

Der neue Chef der GM-Designabteilung, Bill Mitchell, nahm sich für 1961 die Kehrseite des Chevrolet-Sportwagens vor. Inspiriert von seinen eigenen Entwürfen „XP-700“ und „Sting Ray“ verpaßte Mitchell der Corvette ein glattflächiges Heck mit einer umlaufenden, rasiermesserscharfen Kante und versenkten Heckleuchten. Er verbannte außerdem die Haifischzähne aus dem Kühlergrill, die seit nunmehr acht Jahren die aggressive Optik der Corvette bestimmt hatten. Die Einfassungen der Doppelscheinwerfer wurden in Wagenfarbe lackiert, was die vormals überladene Erscheinung der Frontpartie wirkungsvoll korrigierte. Die neue Serienausstattung umfaßte einen Aluminium-Kühler, eine Handbrems-Warnleuchte im Armaturenbrett, zwei Sonnenblenden, eine Innenraumbeleuchtung und eine Wisch-Wasch-Anlage für die Windschutzscheibe. Die Motorenpalette wurde komplett von der Vorjahresserie übernommen, das Vierganggetriebe erhielt ein Aluminium-Gehäuse und das Dreiganggteriebe verschiedene Abstufungen zur Wahl. Eine Getriebeautomatik gab es immer noch, doch nur 15 % aller 61er Corvette wurden damit ausgerüstet.

Die schärfste Motorversion der Jahrgänge 1960 und 1961 war ein 315 PS starker Einspritzer, der trotz des Leistungszuwachses von 20 PS gegenüber

Die für 1960 äußerlich kaum veränderte Corvette verfügte über viele Aluminiumteile, darunter auch Kupplungsglocke, Kühler und Zylinderköpfe der Einspritzversionen. Das „Performance"-Ausstattungspaket umfaßte auch einen Querstabilisator für die Hinterachse, so daß die Seitenkräfte nicht mehr von den Federn allein aufgenommen werden mußten. In Le Mans erreichte eine Briggs-Cunningham-Corvette auf der Mulsanne-Geraden eine Geschwindigkeit von 243 km/h!

1961 machte Bill Mitchell erstmals seinen Einfluß auf das Corvette-Styling geltend. Er ersetzte die „Haifischzähne" durch einen engmaschigen Kühlergrill und entfernte die verchromten Einfassungen der Scheinwerfer samt der nach hinten gezogenen Zierleisten. Das Heck gestaltete er nach dem Vorbild der Rennwagenstudie „Stingray" und des „XP-700"-Showcars und versah den „Entenbürzel" mit versenkten Heckleuchten und zwei schmalen Stoßstangenhälften.

Für 1962 legte Bill Mitchell noch ein letztes Mal Hand an die inzwischen (für amerikanische Verhältnisse) recht betagte Corvette-Karosserie — in ihrer Grundform war sie nun schon fünf Jahre alt und sollte 1963 endgültig in der Versenkung verschwinden. Mitchell befreite die konkave Einbuchtung an der Fahrzeugflanke von ihrer Chromeinfassung und ersetzte die drei langen „Zähne“ in der Radhaus-Entlüftungshutze durch einen Grill. Der seit 1961 verwendete engmaschige Kühlergrill wurde geschwärzt und die Ventildeckel des V8-Motors mit je einer Aluminium-Zierleiste versehen. 1962 gab es auf Wunsch erstmals wieder straffere Federn, mit deren Hilfe Dr. der 1959er Einspritzversion nicht spürbar vehementer zur Sache ging. Die 61er „Fuelie-'Vette“ legte die Viertelmeile aus dem Stand in 14 Sekunden zurück und erreichte dabei eine Geschwindigkeit von knapp 160 km/h — aber das kannte man ja bereits . . .!

Den harmonischsten Eindruck aller Doppelscheinwerfer-Corvette machte das 62er Modell mit seinem schwarzem Kühlergrill. Im Vergleich mit moderneren Konstruktionen wie z.B. dem Jaguar E-Type konnte die Corvette-Karosserie ihr wahres Alter nicht verbergen, doch für 1963 war bereits ein Nachfolger in Planung.

Das Cockpit eines 62er Corvette-Roadsters. Auffallend die voluminöse Polsterung der Sitze und die neuen Türinnenverkleidungen (vgl. Abbildung 58er Modell auf Seite 36).

Die Karosserieflanken befreite Mitchell für 1962 ebenfalls von unnützem Zierrat. So fiel die Chromeinfassung der konkaven Fläche weg und die drei Chrom-"Zähne" der Entlüftungshutze wurden durch eine filigrane Grillattrappe ersetzt. Die Ventildeckel des neuen V8-Motors waren mit anodisierten Aluminium-Zierstreifen versehen.

Die für 1962 neugestaltete Entlüftungshutze an der Vorderkante der konkaven Fläche in Großaufnahme.

Dick Thompson die SCCA-Meisterschaft der Produktionswagenklasse A für sich entschied. (Die zu schnelle Corvette durfte nicht länger in der Klasse B starten, wo sie die Konkurrenz offenbar allzu sehr demoralisiert hatte. Der SCCA hat sich immer wieder die Freiheit genommen, bestimmte Modelle in die Klassen zu stecken, wo sie nach Meinung des Clubs hingehörten — ohne dabei große Rücksicht auf den Hubraum zu nehmen!).

1962 erhielt die Chevrolet-Division einen neuen Generaldirektor. Der in die GM-Vorstandsetage abberufene Ed Cole machte seinen Platz frei für Semon E. „Bunkie" Knudsen, der sich zur Aufgabe gemacht hatte, die Corvette-Produktion auf 15 000 Einheiten zu steigern. Es wäre ihm fast geglückt: 1962 entstanden nicht weniger als 14.531 Corvette, 1961 waren es nur 10.939 gewesen. Seit 1958 brachte die Corvette General Motors beträchtliche Gewinne, und Knudsen sah ein, daß das in den ersten Modelljahren bezahlte Lehrgeld nun langsam wieder hereinkam.

Eine wichtige technische Entwicklung im Jahre 1962 war die Vergrößerung des 283 cid großen V8-Motors auf satte 5359 ccm (327 cid) Hubraum. Dazu mußte die Bohrung des alten Motors auf 101 mm vergrößert und der Hub auf 82,5 mm verlängert werden. Die Einspritzanlage wurde dem veränderten Gemischhaushalt des neuen Motors angepaßt, der in der Corvette noch viele Jahre seinen Dienst verrichten sollte. Für die beiden schwächeren Motorversionen gab es eine 3,08:1 übersetzte „Langstrecken"-Hinterachse.

Das mitten auf dem Kofferraumdeckel der 62er Corvette angebrachte Typenemblem.

Die gekreuzten Flaggen tauchen am 62er Modell noch einmal zwischen Kühlergrill und Motorhaube auf, allerdings ohne das stilisierte „V“.

Die Motorenpalette reichte 1962 (und 1963) bei den Vergaserversionen von 250 bis 340 PS, in Verbindung mit der Einspritzanlage sogar bis 360 PS. Der 327er Motor war ein noch besseres Triebwerk als der ohnehin schon zuverlässige und kräftige 283er. Er hatte mehr Dampf im mittleren Drehzahlbereich und die früher den Ramjet-Versionen mit der kurzen 4,11:1-Hinterachse vorbehaltenen Viertelmeilenwerte von 160 km/h und 15 Sekunden waren nun auch mit einer Vergaser-Corvette und serienmäßig 3,70:1 übersetzten Hinterachse zu schaffen.

Die zweite große Corvette-Ära, die mit dem stilistisch überarbeiteten 56er Modell begonnen hatte, war nun auf ihrem Höhepunkt und gleichzeitig an ihrem Ende angelangt. Dank Zora Arkus-Duntov hatte die Corvette in diesen Jahren beachtliche Fortschritte gemacht, trotz der unnötigen Gewichtszunahme von 1958 und des unsinnigen, von der AMA diktierten Ausstiegs aus dem Rennsport. Nichts erinnerte mehr an die Ur-Corvette von 1953-55, die Corvette war handlicher, schneller und stärker denn je und das 62er Modell präsentierte sich stilistisch aufgeräumter als alle Versionen seit 1957.

Unter Sammlern sind die Modelle von 1956 und 1957 (vor allem die Einspritzerversionen) und von 1961/62 am gefragtesten. Die „Milestone Car Society“, die sich nach eigener Aussage um „die großen Automobile zwischen 1947 und 1967“ kümmert, hat den „Milestone-Status“ den Corvette-Modellen bis 1958, dem Modell 1960 und den Modellen von 1962 bis 1967 zuerkannt — kurioserweise jedoch nicht den 59er und 61er Modellen. Warum diese Gesellschaft die 58er Corvette aufnimmt, die fast identische 59er dagegen nicht, ist wohl nicht nur dem Autor ein Rätsel. Zugegeben, die Modelljahrgänge 1958 und 1959 zählen wohl zu den schwächsten, doch in den folgenden drei Jahren wurde die Corvette ständig weiterentwickelt, wenn auch bisweilen nur durch diverse kosmetische Kunstgriffe. Wenn ich die Wahl hätte würde ich mich für eine Corvette von 1962 entscheiden, weil sie die ausgereifteste und stärkste Corvette der zweiten Generation war.

KAPITEL 4

Die frühen Corvette im Rennsport

1953 bis 1962

So unglaublich das heute klingen mag: Es gab zwar Leute, die die zweisitzigen Thunderbird auf der Rennstrecke bewegten, doch von den frühen Corvette ist mir in dieser Hinsicht nichts bekannt, auch meine Kollegen schweigen sich über dieses Thema geflissentlich aus! Wenn sich ein ganz Mutiger tatsächlich mit einer Corvette der Jahrgänge 1953 bis 1955 auf ein SCCA-Rennen wagte (was selten vorkam!), so wurde er gewöhnlich von der Konkurrenz regelrecht „verblasen" und kam so schnell nicht wieder. Offiziell waren die frühen Corvette der SCCA-Klasse C Produktionswagen zugeordnet, wo sie unter anderem gegen diverse Mercedes-Benz 300 SL antreten mußten. Der Flügeltürer hatte bei gleichem Gewicht über 100 PS mehr Leistung, ein besseres Fahrwerk, bessere Bremsen und ein echtes Viergang-getriebe. Aber lassen wir das.

1956 ging es dann Schlag auf Schlag. Zora Arkus-Duntov hatte das Fahrwerk der Corvette einer gründlichen Kur unterzogen, bei der die hinteren Federn versetzt und die vorderen neu abgestimmt worden waren. Außerdem verfügte Duntov über den neuen V8-Motor (den gab es zwar bereits seit 1955, doch die 55er Modelle sah man kaum auf der Rennstrecke), dem er eine neue Nockenwelle spendiert hatte. Die Durchschnittsgeschwindigkeit der nun 250 PS starken Corvette wurde im Februar 1956 in Daytona mit 242,288 km/h gemessen — am Steuer saß Duntov selbst. Zwei andere, identisch aufgebaute Corvette erreichten unter John Fitch und Betty Skelton 233, bzw. 220 km/h.

Für die 12 Stunden von Sebring 1956 präparierte John Fitch vier Corvette, deren Motoren mit Duntov-Nockenwellen, neuen Ansaugkrümmern und je zwei Vierfachvergasern ausgerüstet wurden. Ein Triebwerk wurde für die Prototypenklasse bis an die 5-Liter-Hubraumgrenze aufgebohrt (307 cid) und mit einem ZF-Vierganggetriebe versehen. Alle vier Wagen rollten auf Hallibrand-Leichtmetallfelgen und verfügten über Zusatzscheinwerfer und übergroße Kraftstofftanks, um möglichst wenig Zeit mit Boxenstopps zu verlieren. Die Corvette von Walt Hansgen und John Fitch kam auf den neunten Platz, die nächste Corvette unter Ray Crawford und Max Goldman auf Platz 15. Ein vielversprechender Anfang war gemacht.

Mitte 1956 kreierte Duntov eine weitere Spezial-Corvette für Sebring, diesmal mit aerodynamischer Front und einem kleinen „Leitwerk" auf der Kofferraumhaube. Er taufte den Wagen „SR-2" und überließ ihn Dick Thompson und Curtis Turner. 1958, mittlerweile unter Jim Jeffords, rannte der SR-2 immer noch — und gewann die SCCA-Meisterschaft der Klasse B. Der Wagen war mittlerweile schreiend lilafarben lackiert und trug nach einem bekannten Schlager den Spitznamen „Purple People Eater" („Lila Menschenfresser"). Ein zweiter SR-2 wurde 1957 von Bill Mitchell für das Rennen in Sebring genannt und erreichte unter Pete Lovely Platz 16.

Der in den USA ungemein populäre Dick Thompson, seines Zeichens Zahnarzt in Washington D.C., hatte sich schon früh den schnellen Corvette verschrieben. 1956 hatte Duntov ihm eine Corvette für die Klasse C Produktionswagen präpariert, und es waren nicht zuletzt Thompsons Erfolge, die die GM-Bosse von der sportlichen Zukunft der Corvette überzeugen halfen, worauf die Einspritzanlage und das Vierganggetriebe für das 1957er Modell entwickelt wurden. Ebenfalls 1957 gab es erstmals das im vorangegangenen Kapitel beschriebene „RPO 684"-Fahrwerkspaket, einen echten Wettbewerbskit, den man bei jedem GM-Händler über die Ladentheke kaufen konnte. Alle diese Faktoren sorgten in Verbindung mit dem größeren 283er V8 dafür, daß die Corvette ab 1957 in der SCCA-Produktionswagenklasse B starten mußte. Thompson kümmerte das wenig und er sicherte sich ein zweites Mal die SCCA-Meisterschaft. Er ging in Sebring 1957 auch zusammen mit Gaston Andrey in der GT-Klasse an den Start, wo das Paar souverän seine Klasse gewann und auf einen respektablen 12. Platz im Gesamtklassement kam.

Bereits im Juli 1965 hatte Duntov mit der Arbeit an einem neuen Rennwagen begonnen, den er „Sebring SS" nannte. Der mit einer Leichtmetall-

Start zum 12-Stunden-Rennen in Sebring 1958. „Schneller als eine abgefeuerte Pistolenkugel“ macht sich die Corvette im Bildvordergrund aus dem Staub, während die Konkurrenz noch mit den Tücken des Le-Mans-Starts zu kämpfen hat. Jim Rathmann und Dick Doane holten sich den GT-Klassensieg. *(Corvette News)*

In den fünfziger Jahren ein vertrauter Anblick: Corvette mit karierter Flagge auf der Ehrenrunde! In diesem Fall handelt es sich um Norm Munson, der 1956 beim SCCA-Rennen in Marlboro, Maryland, die Klasse C Produktionswagen für sich entscheiden und Charlie Wallace auf seinem schnellen Mercedes 300 SL auf den zweiten Platz verweisen konnte.

Ein Bilderbogen von 1956: Oben links Charlie Wallace auf dem Mercedes 300 SL in Cumberland, Maryland, hart bedrängt von Bark Henry auf der Corvette (Dave Wheeler). Oben rechts stürmt Dick Thompson dem Gipfel des Mount Washington, New Hampshire, in neuer Produktionswagen-Rekordzeit entgegen (Fred Vytal). Die Aufnahme unten links zeigt Fred Windridge im Zweikampf gegen Jim Jeffords auf dem Jaguar XK 120 beim SCCA-Rennen in Elkhart Lake, Wisconsin (Barney Clark). Unten rechts zwei Corvette Seite an Seite, ebenfalls in Elkhart Lake aufgenommen *(Barney Clark).*

Die 57er Corvette gab ihr Rennsportdebüt auf der Nassau Speed Week. Die Bahamas wurden so zum Experimentierfeld für die neue Einspritzanlage und verschiedene Fahrwerksabstimmungen für das wenig später stattfindende 12-Stunden-Rennen von Sebring. *(Barney Clark)*

karosserie versehene Wagen baute auf einem Gitterrohrchassis mit De-Dion-Hinterachse auf und wurde von einem 283er V8 angetrieben. Bei seinem Debüt beim 12-Stunden-Rennen in Sebring 1957 schied der SS jedoch nach nur 23 Runden aus. Duntovs Plan, es in Le Mans noch einmal zu versuchen, scheiterte an der Anti-Rennsport-Resolution der AMA.

Obwohl der SS als Rennwagen eher als Totgeburt angesehen werden muß, war er doch der geistige Vater einer anderen, besseren Renn-Corvette, dem „Stingray“. Dieser von Bill Mitchell hinreißend aggressiv gestylte Wagen baute auf dem Fahrwerk des SS auf und wurde Dr. Dick Thompson für die Saison 1960 und 1961 zum Einsatz in der SCCA-Sportwagenklasse C überlassen. 1960 holte sich Dick Thompson auf dem Stingray die Meisterschaft – ohne einen einzigen Sieg übrigens! Thompsons konstant gute Plazierungen über die gesamte Saison zahlten sich aus.

Nach seinen Erfahrungen mit dem Stingray befragt sagte Thompson: „Der Stingray war ein fast perfektes Auto, er hatte nur einen Fehler: Er war im wahrsten Sinne des Wortes kaum zu bremsen! Ein paar Mal haben mich diese Bremsen in haarsträubende Situationen gebracht!“ Darunter auch eine Rolle seitwärts bei 160 km/h in Meadowdale, wo der Stingray mit dem Bauch nach oben liegenblieb! „Einmal, in Laguna Seca, überholte mich Walt Hansgen in der letzten Runde, schob sich vor mich und bremste eine Kurve an. Ich hatte keine Bremsen, es gab keine Auslaufzone und überall standen Zuschauer – da bin ich Walt eben draufgefahren! Wenn ich sage ich hatte keine Bremsen, dann meine ich die Bremswirkung war gleich Null. Ich habe gar nicht erst versucht das Pedal zu treten ...! Glücklicherweise reagierte der Stingray relativ gutmütig, so daß ich ihn vor den Kurven einfach quer anstellen konnte und so wenigsten ein bißchen an Geschwindigkeit verlor. Ich habe immer darauf geachtet, daß die Fahrwerksauslegung ein bißchen zum Übersteuern tendierte, so konnte ich im Notfall wenigstens leicht das Heck herumholen.“

Vom historischen Standpunkt betrachtet war der Stingray natürlich wegen seines Einflusses auf das spätere Corvette-Design wesentlich bedeutender. Sowohl seine markante Linienführung als auch sein Name fanden sich an der neuen, 1963 vorgestellten Corvette wieder – Mitchells erster Eigenkreation. In einem Gespräch gab Mitchell schmunzelnd zu: „Der Rennwagen war nur zur Tarnung – wir wollten sehen wie das Design in Natura wirkt.“ Trotz dieser profanen Vorgabe war der Stingray ein exzellenter Rennwagen, besser als viele speziell für den Rennsport entworfenen Konstruktionen. Er wurde allen Vorstellungen gerecht: Als Rennwagen, als Showcar und als Prototyp einer neuen Modellgeneration. Er ist eine echte Schlüsselfigur in der Geschichte der Corvette.

Corvette-Fans wird vielleicht interessieren, daß der Ur-Stingray noch existiert. Er befindet sich heute im Besitz der „Special Vehicles Section“ der GM-Stylingabteilung. 1962 wurde der Prototyp mit einem Beifahrersitz und einer Windschutzscheibe versehen und diente Bill Mitchell lange Zeit als persönliches Fortbewegungsmittel. Um nicht in Versuchung zu geraten hatte er sogar einen Tachometer installieren lassen. Später erhielt der Stingray Dunlop-Scheibenbremsen (Dick Thompson hätte seinerzeit wer weiß was darum gegeben!), einen Experimental-V8-Motor mit 377 cid und

Zwei 1964er Corvette: als Cabrio und als Coupé (Foto D. Günther)

Blick in die Boxenstraße von Sebring 1957. Dick Thompson und Gaston Andrey gewannen die GT-Klasse und landeten mit 173 zurückgelegten Runden im Gesamtergebnis auf dem 12. Platz. Der siegreiche Maserati von Behra/Fangio hatte in den 12 Stunden 197 Runden abgespult. *(Dave Wheeler)*

zuletzt den großen 427er V8. Dieses Triebwerk atmete durch vier Weber-Doppelvergaser, für die die Motorhaube des knallrot lackierten Wagens ausgeschnitten werden mußte. Schließlich ließ Mitchell den Wagen silberfarben lackieren, gestaltete das Interieur neu, installierte Duntovs 377er Spezialmaschine und glättete die Motorhaube. Eschebach und Henderson restaurierten den Wagen und versetzten ihn für die New Yorker Automobilausstellung 1977 in Concours-Zustand. In dieser Form kann man den Stingray noch heute in Detroit bewundern.

In den späten fünfziger Jahren war die Corvette in den Kategorien Produktionswagen und „Modifizierte Sportwagen“ quasi ohne Konkurrenz. Selbst der 1961 vorgestellte Jaguar E-Type, der sofort seinen Weg auf die Rennstrecke fand, war kein ernstzunehmender Gegner für die Corvette. Jim Rathmann und Dick Doane gewannen 1958 die GT-Klasse in Sebring, Jim Jeffords sicherte sich mit seinem „Purple People Eater“ 1958 den Titel in der Klasse B Produktionswagen und wiederholte seinen Erfolg im Jahr darauf auf einer anderen Corvette. Während Dick Thompson 1960 mit dem Stingray die Kategorie „Modifizierte Sportwagen“ beherrschte, holte sich Bob Johnson den Titel in der Klasse B und Chuck Hall/Bill Frits den GT-Klassensieg in Sebring. 1960 war übrigens auch das Jahr, in dem die Briggs-Cunningham-Corvette unter John Fitch und Bob Grossman in Le Mans den achten Platz erreichte.

Dick Thompson, der für die Saison 1961 wieder in der Klasse B Produktionswagen antrat, holte sich erneut den Meistertitel. Don Yenko trat 1962 in seine Fußstapfen und überließ Thompson, der bereits seinen Ausstieg aus dem Rennsport angekündigt hatte, 1963 ein letztes Mal den Titel in der Klasse B. Zu guter Letzt holte Frank Dominiana 1964 auf einer Corvette den letzten SCCA-Meistertitel in der Produktionswagenklasse B für längere Zeit. Delmo Johnson und Dale Morgan hatten mit ihrem GT-Klassensieg in Sebring 1961 bereits die Wende in der ersten Corvette-Ära in dieser Motorsportdisziplin eingeläutet. Damit schien die Rennsportkarriere der Corvette spätestens 1964 fürs erste beendet.

Was danach geschah, hatte nicht direkt mit der Chevrolet Corvette zu tun, auch nicht mit dem umstrittenen AMA-Bannspruch. Ein gewisser Carroll Shelby war urplötzlich auf der Bildfläche erschienen, hatte einen Ford-„Small-Block“-V8 in einen kleinen AC Ace verpflanzt und damit die erste „Cobra“ geschaffen. „Mir war von Anfang an klar“, sagte Zora Arkus-Duntov später, „daß die Cobra nur mit dem Ziel konstruiert worden war, die Corvette zu schlagen. Der Wagen hatte sehr viel Leistung und wog gerade 900 kg. Shelby hatte eine Kombination geschaffen, die sich nur an sehr wenige Leute verkaufen ließ, doch auf der Rennstrecke hatte die Corvette gegen ihn keine Chance.“ Duntov sollte recht behalten: Von 1962 bis 1965 wurden insgesamt 665 „Cobra 289“ gebaut, inklusive 75 „V8 260“, 24 Wettbewerbsmodelle und 6 Coupés. Im gleichen Zeitraum entstanden dagegen 81 835 Corvette!

VOM „SPORTS CAR CLUB OF AMERICA (SCCA)“ AUSGETRAGENE MEISTERSCHAFTEN 1956 – 1962

Produktionswagen Klasse C

1956: Dr. Richard Thompson, Washington D.C.

Der futuristische Versuchsträger Sebring SS mit seinem Konstrukteur Zora Arkus-Duntov (rechts) und seinem Fahrer John Fitch in Sebring 1957. Der Wagen kam nur über 23 Runden, dann warf ihn eine Serie von lächerlichen Defekten aus dem Rennen. Eine Gummibuchse an einem der hinteren Längslenker hatte sich verschoben, außerdem entwickelte sich der Reifenverschleiß wegen zeitweise blockierender Bremsen zu einem Problem.
(Motor Racing)

Fitch mit dem Sebring SS auf der gleichnamigen Rennstrecke. Glücklicherweise spielte das Kurvenverhalten eines Wagens auf dem schnellen Kurs nur eine untergeordnete Rolle, und so erwies sich der SS (bevor der Fehlerteufel zuschlug) als durchaus konkurrenzfähig. John Fitch fuhr Rundenzeiten um dreieinhalb Minuten, doch war klar, daß der SS noch alles andere als ausgereift war. *(GM Fotodienst)*

 Ein tadellos verchromter Luftfilter ist der Stolz jedes Sting-Ray-V-8-Motors (Foto W. Wolf)

Die Frontpartie der Corvette bekam aus Modegründen Doppelscheinwerfer und reichlich Chrom (Foto W. Wolf)

Der SS mit Plexiglas-„Bubble"-Top. Nach Sebring 1957 war seine Rennsportkarriere beendet. *(Henry Ford Museum)*

Ned Yarter aus La Crescenta schlägt Bob Kudler auf Jaguar bei diesem „Triple R"-Produktionssportwagen-Rennen in Bakersfield, Kalifornien, im Juni 1957 um zwei Wagenlängen. *(Motor Racing)*

Produktionswagen Klasse B
1957: Dr. Richard Thompson, Washington D.C.
1958: James Jeffords, Milwaukee, Wisconsin
1959: James Jeffords, Milwaukee, Wisconsin
1960: Robert Johnson, Columbus, Ohio
1961: Dr. Richard Thompson, Washington D.C.
1962: Donald Yenko, Canonsburg, Pennsylvania

Produktionswagen Klasse A
1962: Dr. Richard Thompson, Washington D.C.

Sportwagen Klasse C
1960: Dr. Richard Thompson, Washington D.C.

Sportwagen Klasse B
1957: J. E. Rose, Houston, Texas

RENNEINSÄTZE DES STINGRAY-PROTOTYPS

1959
April: Klassensieg, 4. Platz Gesamtergebnis, SCCA (national), Marlboro, Maryland (R. Thompson).
Juni: Ausfall, SCCA (national), Elkhart Lake, Wisconsin (J. Fitch).
Juli: 9. Platz Gesamtergebnis, USAC Professional Series, Lime Rock, Connecticut (R. Thompson).

Trotz strömenden Regens dominierte Bert Ruttman mit seiner 57er Einspritzer-Corvette die Produktionswagenklasse über 2700 ccm in Pomona, Kalifornien, im Februar 1958. Der AMA-Rennsportbann hatte die Werksteams von den Rennstrekken vertrieben und zahlreichen Corvette-Privatiers den Weg geebnet.
(Motor Racing)

Eine 1962er Corvette an den Boxen in Elkhart Lake, Wisconsin, hier eine schwächere Saugmotorversion für die SCCA-Klasse B Produktionswagen. Bereits in diesem Jahr hatten die Corvette gegen die Cobras immer häufiger das Nachsehen. *(Goodyear)*

Juli: Ausfall, USAC Professional Series, Meadowdale, Illinois (R. Thompson).
August: Ausfall, SCCA-500-Meilen-Langstreckenrennen, Elkhart Lake, Wisconsin (R. Thompson).
Dezember: 10. Platz Gesamtergebnis, Pokalrennen, Nassau, Bahamas (R. Thompson/A. Lapine).

1960
April: Klassensieg, 3. Platz Gesamtergebnis, SCCA (national), Marlboro, Maryland (R. Thompson).
Mai: Klassensieg, 2. Platz Gesamtergebnis, SCCA (national), Danville, Virginia (R. Thompson).
Mai: Klassensieg, 5. Platz Gesamtergebnis, SCCA (national), Cumberland, Maryland (R. Thompson).
Juni: 2. Platz Klassenwertung, 2. Platz Gesamtergebnis, SCCA (national), Elkhart Lake, Wisconsin (R. Thompson).
Juli: Ausfall, SCCA (national), Meadowdale, Illinois (R. Thompson).
September: 2. Platz Klassenwertung, 23. Platz Gesamtergebnis, SCCA-500-Meilen-Langstreckenrennen, Elkhart Lake, Wisconsin (R. Thompson).
September: Ausfall, SCCA (national), Watkins Glen, New York, (R. Thompson).
Oktober: 11. Platz Gesamtergebnis, SCCA Professional Series, Riverside, Kalifornien (R. Thompson).
Oktober: Ausfall, SCCA Professional Series, Laguna Seca, Kalifornien (R. Thompson).

Ein Sting Ray der Jahre 1968 bis 1969. Später wurden die seitlichen Luftschlitze verändert (Archiv W. Wolf)

Eine 1982er Corvette in ihrem Element (Foto D. Günther)

KAPITEL 5

Die Sting-Ray-Ära

1963 bis 1967

Die unter Sammlern heute mit Abstand gesuchteste Corvette-Serie ist die Baureihe 1963—67 — die ersten „Sting Ray". Die zwischen 1953 und 1955 entstandenen Corvette werden wegen ihrer geringen Produktionszahlen zwar teurer gehandelt, die von 1956 bis 1962 gebauten können auf eine bewegte Rennsport-Vergangenheit zurückblicken und die zwischen 1968 und 1982 verkauften zeichneten sich durch eine bemerkenswerte Beständigkeit im Styling aus, doch für Corvette-Fans ist die Sting-Ray-Generation etwas ganz Besonderes — und was die Wertbeständigkeit angeht, so ist ein Sting Ray mittlerweile eine echte Kapitalanlage.

Mit der Corvette Sting Ray von 1963 vollzog sich der wohl radikalste Umschwung in der Geschichte der Marke. Bis auf die bereits bekannte V8-Motorenpalette wurde buchstäblich nichts vom Vorjahresmodell übernommen. Bill Mitchell hatte das Styling revolutionär verändert und zum ersten Mal gab es neben der offenen Version auch ein Coupé. Das Coupé verkaufte sich im ersten Modelljahr 1963 über 10 000 mal, die Gesamtproduktion belief sich auf 21 000 Exemplare — gut 50 Prozent mehr als je zuvor!

Die Arbeit an der neuen Generation hatte bereits 1960 begonnen. Hauptentwicklungsziele waren laut Zora Arkus-Duntov besserer Sitzkomfort für Fahrer und Beifahrer, größerer Gepäckraum, besserer Fahrkomfort, bessere Fahreigenschaften und mehr Leistung. Als Stylingstudie hatte das Designerteam um Bill Mitchell den „XP-720" entworfen, der Ende 1959 seine endgültige Gestalt angenommen hatte. Der XP-720 lehnte sich stilistisch stark an den Stingray-Rennwagen an, verfügte jedoch über ein eigenwilliges Fastback-Coupéheck mit einer geteilten Heckscheibe. Die Idee zu dieser Heckscheibe stammte von Mitchell persönlich, und es war ein hartes Stück Arbeit gewesen, den nüchtern-sachlichen Duntov von der stilistischen Notwendigkeit dieser aufwendigen Konstruktion zu überzeugen. Mitchell sagte einmal: „Ohne die Scheibe können wir das Ganze genausogut vergessen!" Duntov sollte am Ende doch die Oberhand behalten, denn die geteilte Heckscheibe verschwand bereits nach dem ersten Modelljahr.

Ohne pedantisch werden zu wollen möchte ich an dieser Stelle darauf hinweisen, daß die Bezeichnung der ursprünglichen Rennwagen-Studie zwar „Stingray" lautete, die von 1963 bis 1968 in Serie gebaute Corvette gleichen Namens sich dagegen „Sting Ray" schrieb, in zwei Worten also. Aus unerfindlichen Gründen ging die Werbe- und Verkaufsabteilung mit dem stilistisch überarbeiteten 1969er Modell jedoch wieder zu der Bezeichnung „Stingray" über, die von GM (etwas halbherzig) sogar bis in die achtziger Jahre verwendet wurde.

Die Entwicklung des Sting Ray erfuhr Ende 1960/Anfang 1961 einen bedeutenden Motivationsschub. Just in diesem Winter begann eine der begeisterndsten Automobilkreationen Sportwagenenthusiasten auf der ganzen Welt in ihren Bann zu schlagen: Der Jaguar E-Type! Auch Bill Mitchell war der Ausstrahlung dieser zeitlos eleganten Skulptur erlegen (zur maßlosen Entrüstung seiner Vorgesetzten zählte ein E-Type zu den Lieblingsfahrzeugen seines Fuhrparks) und einen Großteil ihrer funktionellen Schönheit verdankte die 63er Corvette der Inspiration durch die schnörkellosen Linien des Meisterstücks von Sir William Lyons. Doch wie seine Vorgänger war auch der Sting Ray nicht frei von überflüssigem Modeschmuck wie Entlüftungsattrappen in den vorderen Kotflügeln hinter den Radausschnitten, Pseudo-Lufthutzen in der Motorhaube und nicht zuletzt Mitchells geteilter Heckscheibe.

Bereits zu Anfang der Sting-Ray-Entwicklung waren versenkbare Scheinwerfer vorgesehen. Zwei harmonisch eingefügte Ausschnitte in der Kühlermaske ließen sich um eine Achse schwenken und reckten bei eingeschaltetem Licht zwei Doppelscheinwerfer über die um die Wagenfront gezogene „Rasiermesserkante". Die Stylingabteilung versah die Gürtellinie des Sting Ray mit einem „Hüftknick" in Höhe der Türhinterkante und ließ bei der Coupéversion die Oberkante der Tür weit in das Wagendach hineinragen, was der Kopffreiheit beim Ein- und Aussteigen sehr zugute kam. Viele Ideen waren indes nicht mehr ganz so neu: Bereits der glücklose Tukker von 1948 hatte beispielsweise in das Wagendach integrierte Türoberkanten, und Klappscheinwerfer hatte es schon vor dem Zweiten Weltkrieg

Die von Grund auf neue Corvette-Serie von 1963 umfaßte erstmals auch eine Coupé-Version. Das Styling der neuen Corvette war deutlich vom „XP-720"-Prototyp und vom Stingray-Rennwagen beeinflußt. Bill Mitchells Designerteam hatte eine hinreißend dynamische Linie gefunden, die bereits im Stand sehr „schnell" aussah — und erst in voller Fahrt!

Windkanalversuche an einem Tonmodell im Maßstab 1:4 am kalifornischen Institut für Technologie. Mitchell und Duntov waren sich darüber einig, daß das neue Modell so windschlüpfrig wie möglich sein mußte.

 Eine der 6 200 „Pace Car Replicas“. Die Auflage war mit allen Extras ausgestattet und kostete stolze 13 653 $ (Archiv W. Wolf)

Corvette ZR 1 (Archiv D. Günther)

Die geteilte Heckscheibe war im Vorstand der Chevrolet Division Gegenstand heißer Diskussionen. Zora Arkus-Duntov fand, sie beeinträchtigte die Sicht nach hinten, doch Mitchell war der Meinung, daß sie aus dem neuen Sting-Ray-Styling nicht wegzudenken war. Die Coupé-Türausschnitte ragten weit in die Dachfläche hinein.

gegeben, man denke nur an Gordon Buehrigs Cord oder später den 1942er DeSoto. Die Corvette war jedoch das erste amerikanische Großserienautomobil mit versenkbaren Scheinwerfern. Auch das symmetrische Armaturenbrett mit den beiden halbrunden Konsolen kannte man bereits von einem DeSoto-Modell (1955/56), obwohl dieses der Corvette kaum als Vorbild gedient haben dürfte. Mitchell hielt das Armaturenbrett für ein „essentielles Innenraumdetail, das zwar anfangs heftig kritisiert wurde, im Grunde aber ein Wegbereiter für das später oft imitierte Fahrer/Beifahrer-Innenraumdesign war und beim Publikum auch gut ankam."

Viele Herren aus der GM-Vorstandsetage schielten neiderfüllt auf das neue Ford-Erfolgsmodell, den viersitzigen Thunderbird, und wünschten sich insgeheim eine ähnlich strukturierte Corvette, doch in der General-Motors-Modellpolitik war (glücklicherweise) kein Platz für eine solcherart „gestreckte" Corvette. Ed Cole war zwar ein Verfechter der Viersitzer-Philosophie, stieß jedoch bei Bill Mitchell und Zora Arkus-Duntov auf heftigen Widerstand. Sie argumentierten, daß Ford sich mit dem viersitzigen Thunderbird selbst aus dem Sportwagenmarkt gedrängt habe und die Corvette in jedem Fall ihrem Image treu bleiben müsse. Die Opposition schlug daraufhin eine 2+2-sitzige Version vor (eine Idee, die übrigens später auch Jaguar aufgriff und damit die saubere Linie des E-Type nachhaltig verdarb), doch gegen Mitchell und Duntov hatte sie einen schweren Stand. Das Corvette-Coupé war in ihren Augen bereits das äußerste Zugeständnis an die Modellpolitik, und mehr als zwei Insassen kamen überhaupt nicht in Frage. Das Coupé wurde zu einem echten Überraschungserfolg und das 63er Modell schlägt in der Sammlergunst sogar die offene Version — auf dem Automobil-Antiquitätenmarkt eine sehr ungewöhnliche Situation!

Prototypen und Tonmodelle der Sting-Ray-Coupé- und -Roadster-Versionen wurden im Rahmen eines großangelegten Entwicklungsprogramms auch im Windkanal des „California Institute of Technology" getestet. Die Ergebnisse der Versuche wurden von den GM-Entwicklungsingenieuren in mühevoller Kleinarbeit auf die tragende Struktur der neuen Corvette-Karosserie übertragen. Die 63er Corvette hatte beispielsweise fast doppelt so viele Blechverstärkungen unter der Fiberglashaut wie ihr Vorgängermodell. Das daraus resultierende Mehrgewicht wurde durch die Verwendung dünnwandigerer GFK-Teile jedoch aufgefangen, so daß die neue Corvette sogar geringfügig leichter ausfiel als das 62er Modell.

Das relativ geringe Gewicht der Corvette von 1963 resultierte auch aus dem um 100 mm verkürzten Radstand und der um 50 mm schmaleren Hinterachsspur. Die Stirnfläche war gegenüber dem Vorjahresmodell ebenfalls um knapp 90 cm^2 geschrumpft. Die Innenraumabmessungen wurden von diesen Veränderungen dagegen nicht betroffen und die Fahrgastzelle erwies sich dank der zahlreichen Blechverstärkungen als steifer denn je.

Die Kurbelscheiben in den Türen waren leicht gewölbt, vor der Wind-

Noch einmal: Karosserie trifft Fahrwerk in St. Louis. Trotz der zahlreichen in die 63er Karosserie eingearbeiteten Blechverstärkungen waren die Sting Ray geringfügig leichter als die Vorgängermodelle.

Endkontrolle in St. Louis. Im ersten Sting-Ray-Jahr entstanden mit je über 10 000 Coupés und Cabriolets mehr Corvette als in jedem vorangegangenen Modelljahr. Verarbeitungsqualität und Paßgenauigkeit der Corvette lagen 1963 weit über dem General-Motors-Durchschnitt.

Die „Corvette Geneve", speziell für den Genfer Automobilsalon 1987, von der Firma ASC gebaut (Archiv D. Günther)

Das Cockpit des 63er Sting Ray mag für europäische Verhältnisse noch etwas überladen wirken, auch die Handbremsbetätigung über Pedal und Entriegelungs-„Krücke" mutet für einen Sportwagen etwas sonderbar an. Mitchell unterteilte als einer der ersten amerikanischen Konstrukteure den Innenraum in Fahrer- und Beifahrerabtei. Die Drehzahlmesseranzeige reicht bis 7000 U/min, der Tachometer bis 160 mph, umgerechnet etwa 260 km/h!

schutzscheibe befanden sich Frischluftöffnungen für die Innenraumventilation, der Gepäckraum war deutlich vergrößert worden und das antiquierte Heizungssystem hatte einer wirkungsvollen Frischluftheizung weichen müssen. Beim Coupé hatten die Designer leider eine Heckklappe vergessen, und so gestaltete sich der Zugriff zum Gepäckabteil hinter den Sitzen etwas umständlich. Das am Wagenboden befestigte, nach unten abnehmbare Reserverad war dagegen leicht zugänglich.

Wärend man die Motorenpalette unverändert vom Vorjahresmodell übernommen hatte war die Hinterachse eine komplette Neukonstruktion mit an je einem Längs- und einem rohrförmigen Querlenker geführten Rädern und zwei offen laufenden Zweigelenk-Antriebswellen. Abgestützt wurde die Achse mangels Platz für stehende Schraubenfedern über eine querliegende, gummigelagerte Blattfeder. Duntov montierte das Differential am hinteren Rahmenquerträger, wo ebenfalls Gummi-Zwischenlager eine Übertragung der Laufgeräusche an die Karosserie verhinderten. Der Chassisrahmen bestand aus vertrauenserweckend dimensionierten Recht-

Blick unter die Haube eines Sting Ray. Der 327er V8 war während der gesamten Sting-Ray-Produktionszeit von 1963 bis 1967 im Programm und leistete je nach Ausführung 250 bis 365 PS. Die letzten Exemplare mit Kraftstoffeinspritzung entstanden 1965.

Ab 1963 verfügte die Corvette über diese Dreigelenk-Pendelachse mit querliegender Blattfeder und zwei Längslenkern. Aus Platzgründen konnten keine stehenden Schraubenfedern verwendet werden.

Diese Weitwinkel-Aufnahme betont die entzückende Kehrseite dieses Sting Ray von 1963, dem einzigen Corvette-Jahrgang, der mit Mitchells geteilter Heckscheibe ausgerüstet wurde.

eckprofilen. Das Gesamtgewicht verteilte sich nun zu 48 Prozent auf die Vorder- und 52 Prozent auf die Hinterachse (gegenüber der 53/47-Verteilung des 62er Modells), was sowohl dem Fahrkomfort als auch dem Handling zugute kam, auch das lästige Beschleunigungstrampeln der Hinterachse war verschwunden.

Die neue, knapper übersetzte Kugelumlauflenkung trug in Verbindung mit der soliden Doppelquerlenker-Vorderachse ebenfalls zur Verbesserung der Handlingeigenschaften bei. Zwar begnügte sich die neue Corvette immer noch mit (nun selbstnachstellenden) Trommelbremsen rundum, doch waren die vorderen Bremstrommeln etwas breiter geworden. Die Fahrzeugelektrik wurde von einer Drehstrom-Lichtmaschine gespeist, der Motor erhielt erstmals eine geschlossene Kurbelgehäuseentlüftung und das leichtere Schwungrad drehte sich in einer neuen Aluminium-Kupplungsglocke.

1963 schien sich bei GM niemand mehr an die Anti-Rennsport-Resolution von 1957 erinnern zu wollen, so umfangreich war das Angebot an sportlichem Zubehör für die Corvette. Da gab es straffere Federn und Dämpfer, einen verstärkten Querstabilisator, Sintermetall-Rennbremsbeläge, leichtere Alfin-Bremstrommeln, Leichtmetallräder mit Zentralverschluß, einen Zweikolben-Hauptbremszylinder und einen Langstrecken-Kraftstofftank mit 135 Liter Fassungsvermögen. Für komfortbewußte Käufer gab es erstmals eine komplette Leder-Innenausstattung gegen Aufpreis.

Die Automobiltester waren von dem neuen Sting Ray restlos begeistert. Seitenlang schwärmten die Journalisten über sein atemberaubendes Styling und seine überragenden Fahreigenschaften. Die am Vorgängermodell noch kritisierten Unarten wie die trampelnde Hinterachse und das gemeingefährlich ausbrechende Heck waren dem Sting Ray fremd. Das amerikanische Auto-Magazin „Road & Track“ schrieb „Nach jedem Durchgang (auf unserem Slalomkurs) stellten wir fest, daß es noch eine Idee schneller gegangen wäre. Den Grenzbereich erreichten wir jedoch nie.“

Im Gegensatz zur amerikanischen Automobilbau-Tradition, jedem neuen Modelljahrgang ein bißchen mehr Zierrat mit auf den Weg zu geben,

Das 1963er Coupé von vorne und von hinten. Anfangs noch etwas verschwenderisch mit Zierrat behangen, beschränkte man sich in den nachfolgenden Jahrgängen auf die notwendigen Stilmittel. Die Entlüftungsschlitze auf der Motorhaube waren Attrappen, die deutlich erkennbaren Einschnitte in der Motorhauben-Vorderkante trugen an ihren Unterseiten je zwei Scheinwerfer, und ließen sich bei Bedarf nach oben schwenken. Unter dem großen Emblem auf dem Coupé-Rücken verbarg sich der Tankeinfüllstutzen.

befreite Chevrolet die Corvette schrittweise von allem überflüssigen Schnickschnack. 1964 verschwanden die geteilte Heckscheibe und die Entlüftungsschlitz-Attrappen auf der Motorhaube. Stattdessen erhielt die Corvette neue, geschlitzte Felgen, die die Kühlluftzufuhr zu den strapazierten Bremstrommeln verbessern sollten. Die Innenraum-Entlüftungsschlitze in den C-Säulen des Coupés wurden neu gestaltet und erfüllten erstmals ihre

Das 1963er Cabriolet, hier mit dem 360 PS starken 327er V8-Einspritzermotor ausgerüstet. Nach der Einführung des „Mark IV"-Motors verschwanden die relativ unzuverlässigen Einspritzversionen aus dem Angebot.

Das Corvette-Cabriolet von 1963, mit und ohne Hardtop.

Mitchell sollte Recht behalten: Ohne die geteilte Heckscheibe fehlte dem Sting Ray von 1964 etwas. Zugegeben, die Sicht nach hinten hatte sich wirklich verbessert, doch der hohe Sammlerwert der „Split-Window"-Version beweist, daß Corvette-Fans über die Entscheidung auch nicht gerade begeistert waren.

eigentliche Aufgabe (vorher waren die Ziergitter nur Attrappen gewesen). Die GM-Modellpolitiker waren weise genug zu erkennen, daß ein gutes Design nicht unbedingt jedes Jahr stilistisch aufgepäppelt werden muß, nur um wie die Konkurrenz der Kundschaft niemals den „letzten Schrei" schuldig zu bleiben. Dadurch blieb die Corvette in den sechziger Jahren von solchen „Verbesserungen" verschont, die zumeist in irgendwelchen funktionslosen Emblemen, Chromzierleisten oder neugestalteten Leuchteinheiten bestanden. Die ungewöhnlich traditionalistische Haltung der Chevrolet-Designer unterstrich den Anspruch der Corvette, kein „Plastik-Spielzeug", sondern ein echter Sportwagen zu sein.

1965 öffnete man die bislang nur angedeuteten Entlüftungshutzen hinter den Vorderradausschnitten und sorgte so für einen wirksamen Abtransport von Motor- und Bremswärme. Die im Vorjahr bereits geöffneten Innenraum-Entlüftungsschlitze in der C-Säule hatten sich als wirkungslos erwiesen und verschwanden 1966 völlig. Ebenfalls 1966 erhielt die Corvette einen neuen Kühlergrill aus dünnen Rechteckprofilen. 1967 beschränkte man sich auf die Einführung eines rechteckigen Rückfahrscheinwerfers, neugestalteter Entlüftungshutzen in den Kotflügeln, neuer Leichtmetallräder mit Fünfpunkt- statt Zentralbefestigung und einem schwarzen Vinyl-Hardtop für die Cabrioletversion. Der Sting Ray von 1967 zählt somit zu den stilistisch aufgeräumtesten Corvette — eine zeitlos elegante Erscheinung, die auch heute noch die Blicke auf sich zieht.

Verbesserungen der Mechanik hatten in diesen Jahren eindeutig erste Priorität, und jeder neue Sting Ray hatte einen kleinen Vorsprung vor dem abgelösten Modell. Der 327 cid große V8 von 1963 leistete in seiner Einspritzversion 375 PS (was ca. 1,15 PS pro Kubikzoll Hubraum entspricht)

Das Sting Ray Coupé von 1964. In diesem Jahr hatte der Wagen zur Verbesserung der Kühlluftzufuhr zu den Bremsen geschlitzte Felgen erhalten und die bislang nur angedeuteten Innenraum-Entlüftungsöffnungen in den C-Säulen wurden geöffnet.

Das Styling des Sting Ray war 1964 durch den Wegfall der Schlitzattrappen auf der Motorhaube noch ein Stück sachlicher und funktioneller geworden.

und beschleunigte die Corvette in nur 15 Sekunden von 0 auf 160 km/h. 1965 erhielt die Corvette endlich eine der Motorleistung angemessene Vierrad-Scheibenbremsanlage. Damit war ein wesentlicher Kritikpunkt endgültig aus der Welt geschafft, und außerdem wären die bereits einbaufertig entwickelten, noch stärkeren Motorversionen ohne diese Verbesserung nicht vertretbar gewesen. Der 1965 eingeführte „Mark IV"-V8 leistete immerhin 425 PS!

Dieser Mark IV war jedoch nicht der erste Riesenmotor, der je in eine Corvette verpflanzt wurde. Bereits 1962 hatte der renommierte Edeltuner Mickey Thompson speziell für Daytona den 409 cid (6,7 Liter) großen V8-Motor aus dem Chevrolet „Super Sport" in verschiedene Corvette gesetzt und Zora Duntov hatte ja den Stingray-Rennwagen mit einem 377-cid-V8 (6179 ccm) augerüstet. Für eine Serien-Corvette mit einem solchen Kraftpaket konnte sich Duntov jedoch anfangs nicht erwärmen. Daß er am Ende doch noch seine Meinung änderte haben wir Carroll Shelby und seiner Cobra zu verdanken, die der Corvette ab 1964 auf der Rennstrecke das

Das Cockpit der 64er Corvette präsentiert sich übersichtlich und aufgeräumt. Alle Schalter und Hebel liegen gut zur Hand.

Das Emblem auf dem Kofferraumdeckel macht es deutlich: Dieser „Sting Ray" von 1964 schreibt sich auseinander, um keine Verwechslungen mit dem „Stingray"-Rennwagen aufkommen zu lassen.

In der Lackierabteilung in St. Louis wird ein 1966er Coupé gespritzt, das später einen „Mark IV"-V8 erhalten wird, wie die Ausbuchtung auf der Motorhaube verrät. Den 1965 eingeführten Mark IV gab es anfangs nur mit 396 cid Hubraum, erst später wurde er auch als 427er angeboten. Eine so aufgebohrte Version spurtete mit einer 4,11:1 übersetzten Hinterachse in weniger als fünf Sekunden aus dem Stand auf 100 km/h!

Leben schwermachte. Das Resultat war der „Mark IV" genannte V8-Motor, der von Duntov und Jim Premo, der Harry Barr als Chevrolet-Chefingenieur abgelöst hatte, speziell für den Einsatz in der Corvette entwickelt wurde.

Ursprünglich sollte der neue Motor nur mit 396 cid (6490 ccm, Bohrung x Hub 104 x 95,5 mm) Hubraum erhältlich sein, weil die Modellstrategen von General Motors Motoren mit mehr als 400 cid (ca. 6,5 Liter) für die großen Chevrolet-Limousinen reserviert sehen wollten. Für Mitchells Lieblingskind machte man 1966 allerdings eine Ausnahme: Der neue 396er ersetzte in seiner 6,5-Liter-Form ab 1965 den 365 PS starken Chevy-„Small-Block"-Motor und wurde für das Corvette-Topmodell auf 427 cid (6998 ccm) Hubraum aufgebohrt!

Der Mark IV 396 war ein ungeheuer potentes Kraftpaket mit Stößeln ohne Hydro-Ventilspielausgleich, einer Zweivergaser-Anlage und einem Verdichtungsverhältnis von 11:1. Zu den 425 Pferdestärken gesellte sich ein unbändiges Drehmoment von 554 Nm bei 4000 U/min. Um die schiere Kraft des Motors zu beherrschen waren straffere Vorderachsfedern, stärkere Stabilisatoren vorn und hinten, eine größer dimensionierte Kupplung und ein größerer Wasserkühler samt Lüfter nötig. Obwohl der 396er-„Mark IV"-Motor fast 300 kg auf die Waage brachte, blieb die Gewichtsverteilung mit 51 zu 49 Prozent nahezu perfekt.

Die 1966 nachgeschobene Mark-IV-Version mit 427 cid war im Prinzip ein auf 108 mm aufgebohrter 396er V8 und verhalf der Corvette zu bislang nie dagewesenen Höchstleistungen. Mit einer 4,11:1 übersetzten Hinterachse versehen beschleunigte ein solches Exemplar in einem Test von „Road & Track" in nur 4,8 Sekunden von 0 auf 100 km/h, in 11,2 Sekunden auf 160 km/h und erreichte trotz der „kurzen" Hinterachse eine Höchstgeschwindigkeit von 225 km/h. Die mit einem ebenfalls 427er V8 von Ford

ausgerüstete Cobra war nur minimal schneller — und die war eher ein Wettbewerbsfahrzeug als ein „Grand Tourer", wie Duntov immer wieder betonte! Trotz dieser unglaublichen Leistung blieb die Corvette 427 ein komfortabler, leicht zu beherrschender und absolut alltagstauglicher GT-Sportwagen.

Den 427er gab es auch mit Kraftstoffeinspritzung, doch erfüllte die Anlage nicht die hochgesteckten Ziele der Chevrolet-Ingenieure und wurde nach 1965 wieder aus dem Angebot genommen. Um dem geneigten Leser einen Überblick über die verwirrende Motorenvielfalt der Sting-Ray-Periode zu geben folgt nun eine kleine Auflistung:

Das Sting-Ray-Coupé von 1965, hier als eines der letzten Corvette-Exemplare mit Kraftstoffeinspritzung ausgerüstet. Die „Kiemen" in den vorderen Kotflügel waren ab diesem Jahrgang geöffnet, um die Abwärme von Motor und Bremsen schneller abzuleiten.

Das Cabriolet von 1965 hatte sich äußerlich ebenfalls wenig verändert, verfügte in diesem Jahr jedoch erstmals über eine Scheibenbremsanlage.

327 cid
250 bhp bei 4400 U/min, 1963-65
300 bhp bei 5000 U/min, 1963-67
340 bhp bei 6000 U/min, nur 1963
350 bhp bei 5800 U/min, 1965-67
360 bhp bei 6000 U/min, nur 1963*
365 bhp bei 6200 U/min, 1964-65*
* Einspritzer-Version

Mark IV
390 bhp bei 5400 U/min, 1966-67
400 bhp bei 5400 U/min, nur 1967
425 bhp bei 6400 U/min, nur 1965**
425 bhp bei 6400 U/min, 1966-67
435 bhp bei 5800 U/min, nur 1967
**396 cid, alle anderen 427 cid

Beim 66er Modell hatte man die unwirksamen Innenraum-Entlüftungsöffnungen in den C-Säulen weggelassen.

1965 trat Bunkie Knudsen von seinem Amt als Chevrolet-Generaldirektor zurück und überließ seinen Schreibtisch Elliott M. „Pete“ Estes, der später sogar GM-Vorsitzender werden sollte. Während Knudsens Amtszeit hatte sich die Corvette für Chevrolet zu einem sehr einträglichen Geschäft entwickelt und durfte deshalb ein „echter Sportwagen“ bleiben. Im Gegensatz zum Ford Thunderbird sollte das Grundkonzept der Corvette nie verändert werden, was die sportlich ambitionierte Kundschaft Chevrolet auch hoch anrechnete, wie die Produktionszahlen von 20 000 Einheiten pro Jahr beweisen. Die Corvette war aus dem Chevrolet-Programm mittlerweile nicht mehr wegzudenken!

Kurioserweise gilt gerade die kurzlebigste Baureihe seit 1955 bei den Sammlern als die beste Corvette-Serie. Daß die Sting-Ray-Ära bereits nach nur 4 Jahren Produktionszeit zu Ende ging, ist für Kenner der in Detroit geltenden Spielregeln keine Überraschung. Bill Mitchell: „Keine zwei Monate nach der Vorstellung der 63er Corvette begannen wir bereits mit der Arbeit an einem Nachfolgemodell.“ Zu dieser Zeit produzierte GM in Detroit Automobile im 3- oder 4-Jahres-Zyklus, was bedeutet, daß unmittelbar nach dem Erscheinen der wiederum völlig neuen Corvette 1968 bereits eifrig an einer Modellgeneration für 1971/72 gearbeitet wurde (Daß ausgerechnet diese Generation nie in die Ausstellungsräume der Händler gelangen sollte ist Thema eines anderen Kapitels).

Die kurze Bauzeit ändert nichts an der Tatsache, daß der zwischen 1963 und 1967 gebaute Sting Ray als die Corvette schlechthin angesehen wird — die „Krone der Schöpfung“ von Zora Arkus-Duntov, Bunkie Knudsen, Ed Cole und Bill Mitchell sozusagen! Kein Wunder verkaufte sich die Baureihe in den vier Jahren fast 120 000 mal und stellt heute die gesuchteste Corvette-Serie dar. Die Entwicklung der Corvette hatte einen ersten absoluten Höhepunkt erreicht — makellos in der Konstruktion, begeisternd im Design und atemberaubend in der Leistung. Alle vier Jahrgänge haben ihren Stammplatz in der „Milestone“-Galerie wirklich verdient!

Sting-Ray-Enthusiasten lassen sich leicht in verschiedene Lager aufteilen: Die einen schwärmen für das Coupé (das übrigens durchweg in geringeren Stückzahlen produziert wurde), die anderen für das Cabriolet. Diese beiden großen Gruppen zerfallen wiederum in 327er-„Small-Block“-Freunde und „Mark IV“-Hubraumfreaks. Der Leser mag nun selbst entscheiden, welcher der vier Gruppen er sich zugehörig fühlt.

Für den Alltagsbetrieb sind meiner Meinung nach die „SmallvBlock“-Versionen am geeignetsten, denn sogar in ihrer Heimat haben die „Big-Block“-Motoren heute einen schweren Stand. Der amerikanische Kraftstoff hat, sofern man nicht an Flugbenzin kommt (das in den USA übrigens

Dieses Sting-Ray-Cabriolet von 1966 hatte einen 427er „Mark IV" V8 unter der ausgebeulten Motorhaube. Trotz des relativ schweren Motors, der den Wagen in 15 Sekunden auf 160 km/h katapultierte, blieb die Gewichtsverteilung mit 51 zu 49 % sehr ausgewogen.

Als letzter Vertreter seiner Generation war der Sting Ray von 1967 zweifellos eine der besten jemals gebauten Corvette. Die saubere Linie der Karosserie wurde nicht mehr von überflüssigem Kleinkram gestört, die Motorenpalette war breiter denn je, vier Scheibenbremsen sorgten für der Motorleistung angemessene Verzögerungswerte und die Räder waren mit fünf Radbolzen solide befestigt.

Der 67er Sting Ray hatte den 1966 eingeführten Kühlergrill aus kleinen Rechteckprofilen übernommen.

1967 wurde die für den 427er Motor notwendige Ausbuchtung auf der Motorhaube durch eine formschönere Lufthutze ersetzt. Über dem Kennzeichen am Heck des Wagens saß nun ein rechteckiger Rückfahrscheinwerfer.

viele Mark-IV-Fahrer verwenden) nur 94 Oktan. Die streng überwachte Geschwindigkeitsbeschränkung auf 55 mph (ca. 88 km/h) ist zwar für Besitzer von Radarwarnern nicht unbedingt bindend, doch werden Höchstgeschwindigkeitsorgien auf schnurgeraden Interstate-Highways schnell langweilig. Auf kurvigen Bergsträßchen kann der große V8 dagegen seine Muskeln nicht richtig spielen lassen — die Leistung eines gutgehenden 327er reicht hier allemal! Außerdem vertragen die meisten 327er (zumindest die Saugmotoren) auch niederoktaniges Benzin und zählen auch so nicht gerade zu den Lahmsten. Die 300-PS-Version, die während der gesamten Sting-Ray-Bauzeit angeboten wurde, bietet meiner Meinung nach einen guten Kompromiß zwischen Leistung und Wirtschaftlichkeit. Selbstverständlich sollte die ideale Corvette über das handgeschaltete Vierganggetriebe verfügen (was meistens der Fall ist) und die seinerzeit gegen Aufpreis erhältliche Lederausstattung (leider sehr selten) haben. Die Einspritzer-Versionen sind zwar etwas anfällig, was ihrer Beliebtheit bei echten Sammlern natürlich keinen Abbruch tut. Ein „Big-Block"-Sting-Ray ist in erster Linie etwas für Spezialisten, die auf dem Drag Strip oder auf der Rennstrecke brillieren wollen. Wer die immensen Unterhaltskosten indes nicht scheut, kann sich natürlich trotzdem an eine solche Corvette wagen — und sei es nur um von den Zeiten zu träumen, als der Tankwart noch die Scheiben putzte und man „Leistung" noch in Kubikzentimetern buchstabierte!

Bei der Wahl zwischen Coupé und Cabriolet wird normalerweise nach sehr subjektiven Gesichtspunkten vorgegangen. Bill Mitchell würde natürlich sagen, daß das Coupé (wohlgemerkt das Ur-Coupé von 1963 mit geteilter Heckscheibe) die höchste Entwicklungsstufe des Sting-Ray-Designs repräsentiert. Wenn Sie also Wert auf die Meinung des Experten legen, werden Sie sich für ein Coupé entscheiden. Wie der Jaguar E-Type, mit dem der Sting Ray gerne verglichen wird, war das Coupé eine stilistisch eigenständige Kreation mit hohem Wiedererkennungswert und nicht einfach ein Cabriolet mit aufgesetztem Dach. In diesem Sinne nimmt das zeitlose Sting-Ray-Coupé zweifellos eine Sonderstellung ein.

Offene Corvette gab es stets in größerer Zahl als Coupés (wenn auch im Erscheinungsjahr des Sting Ray 1963 die Differenz sehr klein war) und in gewisser Weise verkörpern sie den ursprünglichen Charakter der Corvette unverfälschter. Im Gegensatz zu den meisten anderen offenen Sportwagen der sechziger Jahre war der Corvette-Roadster weder unkomfortabel noch zugig. Das Verdeck bestach durch ausgezeichnete Paßform und gute Verarbeitung, in den Türen saßen (auf Wunsch elektrisch betätigte) Kurbelscheiben und im Winter sorgte eine durchsatzstarke Frischluftheizung (oft in Verbindung mit einer GM-Klimaanlage) für angenehme Temperaturen im Cockpit. Das Hardtop eröffnete dem Roadster-Fahrer eine neue Dimension, die heute mit 1000 bis 1500 $ extra bezahlt werden muß. Die Entscheidung zwischen Coupé und Cabriolet hängt also vom bevorzugten Einsatzort des Wagens ab.

Was den heutigen Wert des Sting Ray angeht, so liegen die Preise für offene Corvette knapp 10 % über denen für Coupés — mit Ausnahme des Modelljahrgangs 1963, wo für „Split-Window"-Coupés durchschnittlich 20 % mehr verlangt werden als für Roadster.

KAPITEL 6

Die späteren Corvette im Rennsport

1963 bis heute

Im Sommer 1962 begannen die Ingenieure der Chevrolet-Entwicklungsabteilung mit der Arbeit an einem neuen Rennwagenprojekt, um die Vorherrschaft der Cobras von Carroll Shelby ein für allemal zu beenden und die Corvette für den Rest der sechziger Jahre wieder im Sportwagen-Rennsport zu etablieren. Das Ergebnis ihrer Arbeit nannten sie stolz „Corvette Grand Sport".

Ursprünglich war aus Homologationsgründen eine Kleinserie von 125 Lightweight-Corvette geplant gewesen, um in der Produktionswagenklasse gegen die Cobras antreten zu können. Am Ende entstanden 1963 gerade fünf Exemplare — aber die hatten es in sich! Ein Leiterrahmen aus 150 mm hohen Profilen trug von Hand nachgefertigte, erleichterte Corvette-Radaufhängungen und einen ebenfalls stark modifizierten Corvette-Antriebsstrang. An das Vierganggetriebe wurde Zora Duntovs Experimental-Einspritzer-V8 mit 377 cid (6179 ccm) Hubraum, Aluminium-Block und Doppelzündung angeflanscht. Als Leistung wurden 550 PS angegeben — mehr als genug, um es mit den Cobras aufnehmen zu können!

Bei der Karosserie des Grand Sport handelte es sich um eine abgeänderte Sting-Ray-Hülle mit geringfügig kleineren Abmessungen und einer Vielzahl nützlicher Be- und Entlüftungsschlitzen, Spoilern und Hutzen. Duntov beabsichtigte, 1963 ein Grand-Sport-Team nach Le Mans zu schicken (Traumziel: 290 km/h auf der Mulsanne-Geraden), doch der Chevrolet-Vorstand war der Meinung, ein Start in Le Mans verstoße gegen die Anti-Rennsport-Resolution der AMA von 1958. Somit war der Grand-Sport-Werkseinsatz gestorben.

Was sollte nun mit den Wagen geschehen? Duntov ließ sie mit serienmäßigen 327er V8-Motoren ausrüsten und „verkaufte" sie an ausgesuchte Privatiers, die in den vorangegangenen Jahren bereits einige Erfahrung im Umgang mit Renn-Corvette gesammelt hatten. Diese Privatmänner — Grady Davis, Dick Doane, Jim Hall und John Mecom — engagierten wiederum Duntov als „Technischen Berater". Später tauchten sogar zwei der Grand Sport als „Roadster" mit abgesägtem Dach auf, gefahren von Roger Penske und George Wintersteen. Obwohl es sich in allen Fällen angeblich um rein private Nennungen handelte, waren die Vorbereitungen und Umbauten von Duntov bei GM (während der Arbeitszeit, versteht sich) vorgenommen worden.

Da aus den geplanten 125 Einheiten nichts geworden war, mußten die Corvette Grand Sport in der Klasse C „Modifizierte Sportwagen" antreten, einer reinen Rennwagenklasse, die von Exoten wie Lister-Chevy und Chaparral beherrscht wurde. Doch Grady Davis setzte Dr. Dick Thompson ans Steuer seiner Grand-Sport-Corvette, der die Saison 1963 als respektabler Vierter beendete.

1963 durfte Duntov drei Grand Sport mit seinem 377er V8 ausrüsten und auf die „Bahamas Speed Week" nach Nassau schicken, wo sie in der offenen Klasse gegen eine Armada von Shelby-Cobra antreten mußten. Die Corvette triumphierten und nahmen der schnellsten Cobra pro Runde bis zu zehn Sekunden ab! Aus dem geplanten Coup in Sebring 1964 wurde leider nichts, da alle drei Grand Sport mit mechanischen Defekten ausfielen. In Nassau gewann 1964 Roger Penske auf seiner „Oben-Ohne"-Corvette souverän die große Klasse, Wintersteen, Pete Goeltz und Ed Diehl erreichten auf einem Coupé Platz 14. Wintersteen und Penske waren auch 1966 noch auf Corvette Grand Sport unterwegs, hatten den immer moderneren „Modifizierten" jedoch zusehends weniger entgegenzusetzen.

Der Grand Sport demonstrierte auf eindrucksvolle Weise, welche ungeahnten Reserven im Sting Ray steckten. Ohne Zweifel wäre es um die Cobra-Vorherrschaft schlecht bestellt gewesen, wenn Chevrolet die zur Homologation für die Produktionswagenklasse nötigen Stückzahlen produziert hätte! Auch ohne großangelegte Entwicklungsarbeit waren die Grand Sport 1964 noch schnell genug, um der Konkurrenz den Auspuff zu zeigen

Bob Johnson auf seinem haifischähnlichen Sting Ray bei einem regionalen SCCA-Rennen in Ohio im Oktober 1966. Unter der Haube des in der Klasse A Produktionswagen startenden Boliden steckte ein fast serienmäßiger 7-Liter-V8.
(Dave Arnold)

Jerry Thompson rüstet sich zum Kampf gegen die schier unbezwingbare Cobra . . .

... und hier demonstriert Don Yenko, daß es doch zu schaffen ist. Die Aufnahme zeigt ihn bei einem nationalen Rennen in Ohio im Juni 1966, wo es ihm gelang, Ed Lowther auf der Cobra 427 zu schlagen.
(Dave Arnold)

und konnten zumindest auf reinen Straßenrennen bis 1966 vorne mitfahren. Schade, daß GM und Chevrolet dem Grand Sport nicht den nötigen Rückhalt zukommen ließen.

Ohne den GS blieb die SCCA-Klasse A Produktionswagen eine reine Cobra-Angelegenheit. John Martin aus Florissant, Missouri, schaffte es 1965 als Einziger, die Vorherrschaft zu brechen und die Meisterschaft der Gruppe Mittlerer Westen zu gewinnen. 1966 brachte Duntov den neuen L88-Motor mit 427 cid heraus (7 Liter, 560 PS im Renntrimm), der in Verbindung mit dem inzwischen fast schon legendären F-41-Fahrwerkskit, größeren Bremsen und „Positraction"-Sperrdifferential dem Sting Ray regelrecht Flügel wachsen ließ. Doch die Cobras hatten mittlerweile fast genausoviel Leistung und brachten eine halbe Tonne weniger auf die Waage. Es reichte einfach nicht.

Nicht daß General Motors Duntov überhaupt keine Unterstützung zuteil werden ließ: Can-Am-Fahrer wie Jim Hall und das Camaro-Trans-Am-Team von Roger Penske erfreuten sich zwar heimlicher, doch großzügiger Material- und Geldzuwendungen. Die SCCA-Kategorien überließ man getrost den Cobras, denn die amerikanischen und kanadischen Rennserien boten die bessere Publikumswirksamkeit und mehr Erfolgschancen. Wegen GM-interner bürokratischer Zwänge konnte die Chevrolet-Division nicht offiziell einen außenstehenden Vertragspartner unterstützen, wie Ford beispielsweise Carroll Shelby. Außerdem war es nicht so einfach, aus einem Großserien-Sportwagen wie der Corvette einen Rennsportchampion zu machen.

Bei Langstreckenwettbewerben sah die Sache dagegen anders aus. 1966 zum Beispiel erreichten Penske, Wintersteen, Dick Guldstrand und Ben Moore beim „Continental"-Rennen in Daytona den 12. Platz im Gesamtklassement und gewannen die GT-Kategorie. Dasselbe Team holte auch in Sebring den Klassensieg und kam auf den neunten Platz im Gesamtklassement, ein Erfolg, den Dave Morgan und Don Yenko 1967 wiederholen konnten. In Le Mans führten Bob Bondurant und Dick Guldstrand lange Zeit die GT-Wertung an und galten bereits als sichere Sieger, als sie kurz vor Ende des Rennens mit Motorproblemen aufgeben mußten.

Als 1968 die ersten amerikanischen Gesetze zur Fahrzeugsicherheit und die ersten Schadstoff-Grenzwerte in Kraft traten, mußte Shelby die Waffen strecken und die Produktion der Cobra einstellen. Im gleichen Jahr stellte Chevrolet den neuen Sting Ray mit deutlich verbesserter Aerodynamik und auf Wunsch einem separaten Frischluft-Ansaugluftsammler für den L88-

Kampf der Giganten. Beim Produktionswagen-Rennen im Juni 1965 schlingern zwei Sting Ray (darunter ein veritables 63er „Split-Window"-Coupé) unter- und übersteuernd durch die Schikane in Candlestick Park. *(Corvette News)*

Motor vor (siehe Kapitel 7). Die Roadster-Version mit abnehmbarem Hardtop erwies sich als noch windschlüpfriger als das Coupé. Es schien, als stünde die Corvette am Anfang einer neuen Rennsport-Karriere.

Die ersten neuen Modelle tauchten im Februar 1968 beim „Continental"-Rennen in Daytona auf, wo Dave Morgan und Jerry Grant auf Anhieb Platz 10 erreichten. In Sebring standen in der neu definierten Klasse „GT-Wagen Gruppe 3" drei neue Corvette am Start. Dave Morgan und Hap Sharp gewannen ihre Klasse souverän, und es war das erste Mal seit längerer Zeit, daß eine Corvette die versammelte Ford-Konkurrenz so deutlich in ihre Schranken verwies. Fairerweise muß man hinzufügen, daß das nicht für alle von Ford-Motoren angetriebene Sportwagen galt, doch die Corvette legte tatsächlich mächtig zu. So gab es ab 1969 eine „ZL-1" genannte Aluminium-Version des L88-V8-Motors, und der erste Corvette-SCCA-Meisterschaftstitel in der Produktionswagenklasse seit 1962 war in greifbare Nähe gerückt.

Da es immer noch kein Chevrolet-Werksteam gab, begannen Corvette-Fahrer sich finanzkräftige Sponsoren außerhalb der Automobilbranche zu suchen. Einer dieser Sponsoren war der Hersteller des Karosserie-Rohmaterials für die Corvette, die Firma Owens-Corning Fiberglas. 1969 gewann der Owens-Corning-Fahrer Jerry Thompson unangefochten die Produktionswagenklasse A, während Allan Barker die Klasse B Produktionswagen auf einer 327er Corvette für sich entschied. Wieder einmal war ein vielversprechender Anfang gemacht, doch schon gab es ein neues Problem: Der wachsende Einfluß der Emissions- und Sicherheitsgesetze auf den amerikanischen Automobilbau!

Zora Arkus-Duntov näherte sich dem Pensionierungsalter und die Abgasbestimmungen wurden immer schärfer, da überrascht es nicht, daß die Chevrolet-Division immer weniger Interesse an der Entwicklung spezieller Renn-Corvette zeigte. Doch es gab immer noch verschiedene Sport-Ausstattungspakete zu kaufen, darunter auch einen Fahrwerkskit (ähnlich dem alten RPO 684) und einen 454 cid (7441 ccm) großen V8 mit der Bezeichnung „LS-5". Beides zusammen gab es als „ZR-2"-Paket und auch ein „ZR-1"-Kit, bestehend aus Sportfahrwerk und 350 cid (5736 ccm) großem Hochleistungs-V8 ohne Hydro-Stößel, war nach wie vor im Angebot.

Mit der endgültigen Abkehr der Detroiter Automobilfirmen vom Rennsport wuchs die Zahl unabhängiger Sponsoren in den siebziger Jahren beträchtlich. Neben Owens-Corning unterhielt auch der Hollywood-Schauspieler James Garner ein kleines Corvette-Fahrerteam namens „American International Racers". Star der Corvette-Szene in den siebziger Jahren war jedoch ein gewisser John Greenwood — Fahrer, Mechaniker, Konstrukteur und Promoter in Personalunion.

Greenwood war ein echter Wunderknabe: 1968 absolvierte er seinen

Einer der fünf 1963 als „Cobra-Schreck" konstruierten Grand Sport. Ursprünglich war für den Grand Sport Duntovs 550 PS starker Experimental-Leichtmetall-V8 mit 377 cid (6179 ccm) Hubraum und Kraftstoffeinspritzung vorgesehen. Den Beweis für die vorausgesagte Höchstgeschwindigkeit von 290 km/h auf der Mulsanne-Geraden in Le Mans mußte Duntov schuldig bleiben, weil der Einsatz in Frankreich wegen der AMA-Anti-Rennsport-Resolution abgesagt wurde.

(Dave Gooley)

Das Armaturenbrett des Grand Sport von 1963. Die Zusatzinstrumente in der Mittelkonsole sind Motoröl-Temperaturanzeige (oben), Kraftstoffdruck (mitte) und Differentialöl-Temperaturanzeige (unten). Dazwischen liegen die beiden Schalter für erste und zweite Kraftstoffpumpe.
(Dave Gooley)

Auf dem Aluminiumblock des 377er V8 im Grand Sport thronen vier Doppelvergaser. Man beachte den üppig bemessenen Platz zwischen Kühler und Motor.
(Dave Gooley)

Die 427er Corvette von J. Marshall Robbins im Trans-Am-Rennen in Road Atlanta im April 1973. *(Dave Arnold)*

Diese 427er Corvette vom Owens-Corning-Team wurde von Tony DeLorenzo 1971 in Daytona gefahren. *(Dave Arnold)*

ersten SCCA-Fahrerkurs, 1970 gewann er die Produktionswagenklasse A, 1971 dann gleich noch einmal und außerdem zusammen mit Dick Smothers die GT-Klasse in Sebring. Greenwoods kometenhafter Aufstieg machte ihn zu einem begehrten Werbeträger: 1972 trat er für die Reifenfirma Goodrich auf Goodrich-T/A-Radialreifen an und erreichte in Le Mans die schnellste Qualifikationszeit in der Kategorie GT-Wagen. Weit in Führung liegend mußte er mit geplatztem LT-1-Motor jedoch aufgeben. 1973 bescherte er der Corvette-Gemeinde zusammen mit Ron Grable mit einem glänzenden dritten Platz den wohl schönsten Sebring-Erfolg.

1975 half Greenwood den Verantwortlichen bei der Neuorganisation des Sebring-Rennens, nachdem es eine Weile so ausgesehen hatte, als hätte die Energiekrise dieser traditionsreichen Veranstaltung den Todesstoß versetzt. Mit dem neuen Reglement wurde Sebring zu einem Tummelplatz der europäischen Sport- und Tourenwagen-Elite, und obwohl auch die Corvette noch gut mit dabei waren — der Platz auf dem Siegertreppchen war für Porsche reserviert. Ähnlich erging es der Corvette in der Trans-Am- und IMSA-Rennserie: Obwohl Greenwood für die „Formel 5000" 100 000 $ in jede der über 350 km/h schnellen „Profile"-Corvette steckte (mit Gitterrohrrahmen, handgefertigten Radaufhängungen und ausladenden Windkanal-Karosserien), hatten sie keine Chance gegen die neuen Porsche 935 mit Doppel-Turbolader.

Nachdem die Cobras von der Bildfläche verschwunden waren, blieben für die Corvette wenigstens die SCCA-Straßenrennen. Die Klasse A Produktionswagen war fest in Corvette-Hand, bis auf 1973, als Sam Feinstein mit einer alternden Cobra noch einmal die Meisterschaft holte. Die Produktionswagen-Meisterschaftsserie in der Klasse B wurde nur 1975 von Bob Tullius auf einem Jaguar E-Type V12 unterbrochen. Das wohl bemerkenswerteste Fahrzeug der Produktionswagenklasse B war der von Allan Barker pilotierte Stingray, der von 1969 bis 1972 viermal hintereinander die Meisterschaft gewann und unter seinem neuen Besitzer Bill Jobe 1973 und 1974 noch zweimal zu Meisterehren kam. Die tiefgreifenden Änderungen am Grundkonzept der neuen Corvette-Generation von 1984 haben die Verwendbarkeit des Chevrolet-Sportwagens im Rennsport zwar nicht gerade begünstigt, doch bei SCCA-Veranstaltungen fanden (und finden) Corvette-Fahrer immer wieder ein interessantes Betätigungsfeld.

Die Corvette kann in jeder Hinsicht auf eine bewegte und durchaus erfolgreiche Rennsport-Vergangenheit zurückblicken. Zugegeben, es gab immer Konkurrenten, die ein Quentchen schneller waren. Mitte der fünfziger Jahre waren das die Mercedes 300 SL, in den sechziger Jahren hatten die Cobras die Nase vorn, weil Ford sich mehr für den Rennsport engagierte als GM, und in den siebziger und achtziger Jahren waren die Porsche einfach nicht zu schlagen. Trotz alledem war die Corvette immer ganz vorne mit dabei. Zählt man die Erfolge und Niederlagen aller Jahre, Kategorien und Klassen zusammen, so kommt man auf eine Bilanz, die sich durchaus mit der von Lotus oder gar Ferrari messen kann. Dabei war die Corvette mit Sicherheit das vielseitigere Fahrzeug: Neben reinen Straßenrennen bestritten unzählige serienmäßige und verbesserte Corvette vom Dragster-Meeting bis zum Bergrennen fast alle Arten von Motorsport-Wettbewerben, und der legendäre Chevrolet-„Small-Block"-V8 beflügelte vom Rennboot bis zum Indianapolis-Rennwagen einfach alles. Somit kann jeder Corvette-Fahrer heute mit Fug und Recht behaupten, einen echten Sportwagen zu besitzen, erprobt und bewährt auf den härtesten Strecken der Welt.

KAPITEL 7

Der Stingray und sein neues Image

1968 bis 1983

Der Entschluß des Chevrolet-Vorstands, 1983 keine überarbeitete Corvette herauszubringen, sondern lieber die Präsentation des völlig neuen 84er Modells vorzuverlegen, war vielleicht eine Art Abschiedsgeschenk an die am längsten produzierte und insgesamt erfolgreichste Corvette-Generation überhaupt. Wenn das neue Modell sich genauso lange hält und sich genauso gut verkauft haben die GM-Chefs allen Grund zur Freude.

Wie bereits erwähnt hatte Mitchell die Pläne für eine komplett überarbeitete Corvette bereits fix und fertig in der Schublade, als der Sting Ray 1963 sein Debüt gab. Bei der Entwicklung waren zwei unterschiedliche Konzepte verfolgt worden. Eines davon war ein Mittelmotor-Sportwagen mit weit heruntergezogener Schnauze, großen, gewölbten Glasflächen, verkleideten Hinterrädern und einem Periskop anstelle der Heckscheibe. Weniger die aufwendige Neugestaltung der Karosserie als vielmehr die hohen Kosten für die Entwicklung eines geeigneten Mittelmotor-Getriebes samt Differential verurteilten das Projekt zum Scheitern. Den Zuschlag erhielt das zweite, weniger spektakuläre Projekt mit Frontmotor und Heckantrieb auf der Basis der Studie „Mako Shark II".

Der verantwortliche Designer für die 1968er Corvette war David Holls, ein angesehener GM-Designer und gleichzeitig ein Autonarr wie er im Buche steht. Er hatte keine leichte Aufgabe, denn sein Projekt mußte nicht nur die Herren der Chefetage beeindrucken, sondern auch gleichzeitig der ungeheuer populären und formschönen Sting-Ray-Generation einen würdigen Nachfolger stellen. Er entschied sich für die breite, flache Schnauze der Mako-Shark-Studie, doch anstelle des Fließhecks fügte er eine senkrecht stehende, von sanft auslaufenden C-Säulen flankierte Heckscheibe ein und versah das Wagenheck mit einem mächtigen Spoiler.

Wider allen Erwartungen erwies sich diese Form jedoch als aerodynamisch nicht besonders vorteilhaft. Im Windkanal stellte sich heraus, daß die alte Sting-Ray-Karosserie in fast allen Punkten besser abschnitt. Obwohl die Präsentation der überarbeiteten Corvette ursprünglich für 1976 geplant gewesen war, bat Zora Duntov Chevrolet-Direktor Pete Estes um einen Aufschub um ein weiteres Jahr. Innerhalb dieser Frist gelang es den Designern nach ausgiebigen Windkanalversuchen die Aerodynamik durch tiefer heruntergezogene Kotflügel vorne, ein überarbeitetes Stufenheck und eine kleinere Abrißkante am Heck zu optimieren. Die Heckscheibe wurde zur Verbesserung der Rundumsicht verbreitert und die vorderen Kotflügel erhielten an ihren Flanken großzügige Entlüftungsöffnungen, um die Temperaturen unter der Motorhaube niedrig zu halten und gleichzeitig das Strömungsverhalten des Fahrtwindes an der Wagenfront zu verbessern. In die gegenüber dem Mako Shark II leicht angehobenen und mit einem kleinen Spoiler versehenen Frontpartie waren zwei Klappscheinwerfer eingelassen. Die Scheibenwischer verschwanden in dem breiten Spalt zwischen Windlaufblech und Windschutzscheibe. Die Motorenpalette für die 1968er Corvette-Modelle war unverändert vom Vorjahresmodell übernommen worden und umfaßte auch den Mitte 1967 eingeführten „Supermotor" L88. Dieses reinrassige Renntriebwerk leistete in seiner heißesten Version 560 PS bei 6400 U/min, verlangte dann wegen seiner Verdichtung von 12,5:1 allerdings nach Spezial-Flugbenzin mit 103 Oktan! Der L88 hatte Leichtmetall-Zylinderköpfe mit größeren Ventilen, einen Aluminium-Ansaugkrümmer mit Holley-850-Vergaser, ein kleineres Schwungrad und eine verstärkte Kupplung. 1969 wurde parallel auch noch eine „ZL-1" genannte Rennversion mit Aluminiumblock und Trockensumpfschmierung angeboten. Der ZL-1-Motor wog fast einen Zentner weniger als der L88, kostete dafür aber auch 3000 $ Aufpreis. Weil jedoch beide Motoren nicht für den Straßenverkehr bestimmt waren, tauchen sie nicht in der Motorenauflistung in diesem Kapitel auf.

Diese neue Corvette wurde von den Sammlern lange Zeit nicht anerkannt, und das allmähliche Interesse für diese Baureihe mag auch durch die nach oben schnellenden Preise für Corvette vor Baujahr 1968 bedingt sein. Viele Corvette-Enthusiasten (vor allem die reichen) sind auch heute noch

Beim Entwurf der neuen Corvette-Karosserie für 1968 hatte sich David Holls stark von der Studie „Mako Shark II“ beeinflussen lassen (siehe nächstes Kapitel). Nur im ersten Jahr lautete die Modellbezeichnung „Sting Ray“, danach in einem Wort „Stingray“.

Die Roadster- oder Cabrioletversion des 1968er Sting Ray. Mit dieser Baureihe begann das Kundeninteresse an den offenen Ausführungen zu schwinden, da das Coupé mittlerweile über herausnehmbare Targa-Dachhälften verfügte. 1975 entstanden die letzten offenen Corvette.

Das 68er Coupé mit herausnehmbaren Dachhälften. Die ursprünglich sehr saubere, aggressiv-schnörkellose Linie wurde im Laufe der Jahre etwas verwässert.

der Meinung, daß die Ära der „klassischen" Corvette 1967 zu Ende war. Das neue Modell erregte in der Tat bereits in den ersten Wochen nach seiner Vorstellung die Gemüter. In den Augen des Automagazins „Road & Track" erinnerte die neue Corvette „ein wenig an ältere Ferrari-Modelle, die ebenfalls auf einem 1962 vielleicht noch ganz fortschrittlichen Chassis aufbauten, von der Entwicklung mittlerweile aber überholt sind ... Die sich anbahnende Entwicklung weg vom Sportwagen und hin zum Prestige- und Freizeitobjekt ist unverkennbar." Der Rest der Automobilpresse schloß sich dieser Meinung weitgehend an und in Corvette-Kreisen stößt man heute noch auf diese Haltung. Das größte Handicap der neuen Corvette bestand meiner Meinung nach darin, daß die Sting-Ray-Baureihe von 1963 bis 1967 so gut war, daß eine Ablösung durch ein neues Modell eine Abwehrhaltung auslösen mußte. Dem E-Type-Nachfolger Jaguar XJ-S sollte es übrigens nicht besser ergehen.

Die Kritiker konnten ihr vernichtendes Urteil mit zahlreichen Fakten untermauern. Die Karosserie war durch die größeren Überhänge fast 180 mm länger geworden. Der Radstand war mit 2489 mm zwar gleichgeblieben, doch ging es im Innenraum nun ziemlich eng zu, auch für Gepäck war kaum noch Platz. Außerdem schleppte die laut „Road & Track" vorher bereits „ziemlich üppige Diva" nun noch einmal anderthalb Zentner Übergewicht mit sich herum. Die 68er Corvette war nach Meinung des Blattes „ideal für all diejenigen, die es gerne groß, schick und glitzernd lieben ... Wer Wert auf Raffinesse, Funktionalität und ein modernes Fahrwerk legt, muß sich leider wieder einmal bei den Europäern umschauen."

Für einen so großen Konzern reagierte GM überraschend feinfühlig, und Bemerkungen, wie „Road & Track" sie fallenließ, verhallten nicht ungehört. 1969 war die Corvette ein Chevrolet-Modell unter vielen, und dem vorübergehend „auf Eis gelegten" Zora Arkus-Duntov wurde wieder eine

Die „schnellen" C-Säulen mit der kleinen, senkrecht stehenden Heckscheibe der Corvette Sting Ray von 1968.

einflußreichere Position zuteil. Ob es Duntovs Idee war, die 69er Corvette wieder „Stingray" zu taufen, wo doch das 68er Modell sich noch „Sting Ray" geschrieben hatte, ist leider nicht überliefert.

An der Grundkonzeption der neuen Corvette-Baureihe war nichts mehr zu ändern, so beschränkten sich die Entwicklungsingenieure auf optische und funktionale Retuschen. Die Türaußengriffe wurden leicht modifiziert, der vormals verchromte Kühlergrill geschwärzt und die Rückfahrscheinwerfer in die inneren Heckleuchten integriert. Der Innenraum wurde um einige Zentimeter vergrößert, ebenso das Gepäckabteil. Das Handling des Wagens verbesserte sich durch die Verwendung breiterer Felgen und Reifen deutlich und einige Rahmenversteifungen an den richtigen Stellen reduzierten die bisweilen aufgetretenen Vibrationen. Die kleine Motorversion schöpfte ihre 300 oder 350 PS aus einem nun 350 cid (5736 ccm) großen V8. Mit 427 cid (6998 ccm) Hubraum gab es gleich vier Motoren zur Wahl, dazu eine Reihe verschiedener Hinterachsübersetzungen zwischen 2,75 und 4,56:1.

Obwohl diese begrüßenswerten Bemühungen bei der sportlich orientierten Kundschaft ihre Wirkung nicht verfehlten, gab es an der Corvette noch immer eine Menge auszusetzen. „Road & Track" schrieb beispielsweise: „Der Corvette fehlt es an Finesse, sie geht zu Werke wie eine Zimmermannsaxt, wo ein scharfer Degen angebracht wäre . . . Die Corvette ist wie eine wildes Tier, das ein gestecktes Ziel nicht mit Geschmeidigkeit und Stil, sondern mit schierer Kraft erreicht." Das Magazin „Car Life", damals noch im gleichen Verlag, war nicht ganz so streng. Zwar wurden auch hier die bereits angesprochenen Schwächen und „diverse abfallende Teile" erwähnt, doch im Resümee hieß es dann: „Die Corvette ist eine Fahrmaschine für Fahrernaturen . . . und macht auch dann noch Spaß, wenn einem vom Grinsen bereits die Backenmuskeln schmerzen."

Natürlich muß ein Produkt aus dem Hause GM in erster Linie eines können: Geld verdienen. In diesem Punkt übertraf die neue Corvette sogar die kühnsten Erwartungen. Bereits 1968, im ersten Jahr, erreichte sie mit 28.566 Einheiten einen neuen Corvette-Verkaufsrekord. Der Rekord hielt nicht einmal ein Jahr, denn 1969 wurden 38.762 Corvette produziert. Der Jahrgang 1970 brachte außer einer deftigen Preissteigerung (das Basismo-

Der Platz hinter den Sitzen diente als Gepäckablage, in deren Boden zwei unterschiedlich große Handschuhfächer eingelassen waren.

Der 69er Stingray unterschied sich äußerlich hauptsächlich durch den geschwärzten Kühlergrill und die in die Heckleuchten integrierten Rückfahrscheinwerfer vom 68er Sting Ray. Die vorderen Begrenzungsleuchten unter der Stoßstange hatten erstmals orangefarbene Gläser.

dell kostete nun über 5000 $) nichts Neues, die Produktionszahlen blieben mit nur 17.316 Einheiten deutlich hinter den Erwartungen zurück. Coupés waren wieder gefragter; sie führten in der Statistik von 1970 in einem Verhältnis von 5 zu 3 vor den Cabriolets. 1971 und 1972 erholten sich die Zahlen mit 21.801 und 26.994 Einheiten wieder.

Der neue 454 cid (7441 ccm) große V8, der den bis 1970 eingebauten 427er ablöste, reflektiert die erneut verschärften Abgas-Grenzwerte. Das neue Triebwerk mit 108 mm Bohrung und 101,6 mm Hub produzierte weniger schädliche Auspuffgase und begnügte sich mit niederoktanigerem Kraftstoff. Die geplante „heiße" Version mit 465 PS hielt die Grenzwerte nicht ein und wurde nie angeboten. Der bei einem Verdichtungsverhältnis von 11:1 370 PS leistende „Small-Block"-LT-1 mit starren Stößeln wurde 1970 ebenfalls wegen der zu hohen Schadstoffemission aus der Produktion genommen. Die dramatischen Auswirkungen der Abgasgesetze auf die Corvette-Motorenpalette zeigt die folgende Auflistung:

„Small-Block"-V8 (alle mit 350 cid, nur 1968 mit 327 cid)

1968
350 bhp bei 5800 U/min, Verdichtungsverhältnis 11:1

1969
350 bhp bei 5600 U/min, Verdichtungsverhältnis 11:1
300 bhp bei 5800 U/min, Verdichtungsverhältnis 10,25:1

Gut ablesbare, große Rundinstrumente für Tachometer und Drehzahlmesser, vorbildlich entspiegelt, sowie eine ganze Batterie von kleineren Anzeigeinstrumenten in der Mittelkonsole beherrschten das Armaturenbrett des 1969er Modells. Das Handschuhfach befand sich jedoch hinter den Sitzen.

1970
370 bhp bei 6000 U/min, Verdichtungsverhältnis 11:1
350 bhp bei 5600 U/min, Verdichtungsverhältnis 11:1
300 bhp bei 5800 U/min, Verdichtungsverhältnis 10,25:1

1971-72
330 bhp bei 5600 U/min, Verdichtungsverhältnis 9:1
270 bhp bei 4800 U/min, Verdichtungsverhältnis 8,5:1

„Mark IV"-V8 (ab 1971 454 cid, sonst 427 cid)

1968
435 bhp bei 5800 U/min, Verdichtungsverhältnis 11:1
400 bhp bei 5400 U/min, Verdichtungsverhältnis 10,25:1

1969
435 bhp bei 5800 U/min, Verdichtungsverhältnis 11:1
430 bhp bei 5200 U/min, Verdichtungsverhältnis 12,5:1
390 bhp bei 4800 U/min, Verdichtungsverhältnis 10,25:1

1970
390 bhp bei 4800 U/min, Verdichtungsverhältnis 10,25:1

1971
425 bhp bei 5600 U/min, Verdichtungsverhältnis 9:1
365 bhp bei 4800 U/min, Verdichtungsverhältnis 8,5:1

1972
365 bhp bei 4800 U/min, Verdichtungsverhältnis 8,5:1

Eine Corvette von 1970 mit dem in diesem Jahr letztmals angebotenen 427-cid-V8 und dem neuen, grobmaschigen Kühlergrill. Die Verkauszahlen waren mit nur ca. 17 000 Einheiten stark zurückgegangen.

1972 war der Wandel weg vom Hochleistungstriebwerk und hin zum schadstoffarmen, niederverdichteten Motor endgültig vollzogen. In der Folge entstand in den siebziger Jahren in den USA eine ganze Generation (im Vergleich zu früheren Modellen) ziemlich uninteressanter Fahrzeuge. Erst in den achtziger Jahren, als die amerikanische Automobilindustrie leistungsfähige, kleinvolumige, turbogeladene Motoren mit weniger als acht Zylindern für sich entdeckte, durfte man in Detroit wieder öffentlich von „Leistung“ reden, ohne um seinen Ruf fürchten zu müssen!

Für die 1973er Corvette gab es keinen Motor ohne Hydro-Stößel und keinen „LT-1“ mehr. Die Motorleistung wurde nun einheitlich mit allen Aggregaten gemessen (vorher in SAE-Brutto-PS, d.h. ohne Aggregate und Schalldämpfer), was sicher ehrlichere Werte zur Folge hatte, dafür auf dem Papier schrecklich ernüchternd wirkte! Die 1972 noch mit 270 und 330 PS angegebenen 350er V8 brachten nach der neuen Meßmethode nur noch 190 und 250 PS an die Bremse. Die einzige noch angebotene Mark-IV-Version brachte es bei einem Verdichtungsverhältnis von 9:1 auf 275 PS.

Die optischen Retuschen beschränkten sich in den siebziger Jahren auf Kleinigkeiten. Ab 1972 erhielten alle Corvette serienmäßig eine Alarmanlage — was die ungebrochene Nachfrage nach dem Chevrolet-Sportwagen

Die optischen Retuschen für den Jahrgang 1970 umfaßten unter anderem neue Entlüftungsgitter in den Kotflügeln im Stil des Mercedes 300 SL. Die nun rechteckigen Endrohre der Auspuffanlage fügten sich harmonisch in die Karosserieausschnitte unter der hinteren Stoßstange ein.

Die Stingray-Sitze waren nur dünn gepolstert und boten nur wenig Seitenhalt. Die beliebte Leder-Innenausstattung betraf nur die Sitzflächen, der Rest des Interieurs bestand in der Hauptsache aus tiefgezogenem Kunststoff.

unter „Spezialisten" verdeutlicht! Wenn man den Angaben eines Versicherungsvertreters Glauben schenkt, stehen die Chancen, daß eine neue Corvette in einer amerikanischen Großstadt noch innerhalb des ersten Jahres gestohlen wird, ungefähr Fünfzig zu Fünfzig! 1973 verzichtete man beim Coupé auf die herausnehmbaren Targa-Dachhälften, weil man die Einführung neuer Sicherheitsvorschriften zum Thema Überschlag befürchtete. Diese blieben jedoch aus, und so gab es 1974 wieder ein Targa-Dach gegen Aufpreis. Auf einen entsprechenden Gesetzesvorschlag (der 1974 ohnehin in Kraft treten sollte) reagierte man mit der Einführung der sogenannten „8-km/h-Stoßfänger" bereits 1973. Die aus Polyurethanschaum gefertigten Deformationselemente, die einen Aufprall aus einer Geschwindigkeit von 8 km/h ohne bleibende Verformungen überstanden, waren in Wagenfarbe lackiert.

Zora Arkus-Duntov war mittlerweile endgültig in Pension gegangen und mit ihm scheinbar alle, die ähnlich über Autos dachten. Kein Wunder, daß die Corvette in diesen Jahren für echte Enthusiasten ein Bild des Jammers bot! Durch den Imagewandel sprach der Wagen in den siebziger Jahren eine ganz andere Käuferschicht an — und war viel teurer geworden! Der 350er V8 mit 250 PS kostete 1974 in der Grundversion 5500 $ und wurde durchschnittlich mit zusätzlichen Extras im Wert von 750 $ bestellt. Das Trockengewicht war auf 1589 kg gestiegen, Tourenkomfort ging vor Höchstleistung. Zur maßlosen Enttäuschung mancher Bevölkerungsgruppen (z.B. Autoren

Die Cabrioletversion des 1970er Stingray. In diesem umsatzschwachen Jahr entstanden gerade 6648 Corvette-Cabriolets, die dadurch zu den begehrtesten offenen Versionen der Baureihe 1968-75 zählen. Zugreifen!

von Automobilbüchern) verkaufte sich die „kastrierte" Corvette besser als alle ihre Vorgängerinnen! 1977 wurden beispielsweise 49.213 Corvette produziert, und es sollte Jahre dauern, bis die Verkaufszahlen nach dem OPEC-Ölembargo von 1977/78 jemals wieder diese Höhe erreichten.

Das 1974er Modell erfuhr im Zuge der neuerlichen Verschärfung der Sicherheitsvorschriften kleinere Veränderungen. Die Spoiler-Abrißkante mußte einem energieverzehrenden, rundlichen Kunststoffheck weichen, das den Auftrieb über der Hinterachse bei hohen Geschwindigkeiten spürbar erhöhte — was jedoch angesichts der eingeführten Geschwindigkeitsbegrenzung niemand beunruhigt haben dürfte. Auch die bis 225 km/h freigegebene Serienbereifung erübrigte sich dadurch — Chevrolet montierte werksseitig nur noch Reifen für 190 km/h Höchstgeschwindigkeit. Dafür gab es wieder einen (jetzt „Gymkhana" genannten) Sportfahrwerkskit, bestehend aus härteren Federn und strafferen Dämpfern, obwohl das Serienfahrwerk der 74er Corvette im Wettbewerbseinsatz wohl das kleinere Handicap darstellte! Luxuriöses Zubehör wie elektrische Fensterheber, Bremskraftverstärker, Klimaanlagen, Lederausstattungen oder Stereoanlagen verkaufte sich ohnehin besser.

Das Stingray-Coupé von 1971, einem weiteren Krisenjahr in der Geschichte der Corvette. Als Antriebsquelle diente erstmals der abgasentgiftete 454er „Mark IV"-Motor, der nur 1971 mit maximal 425 PS erhältlich war. Äußerlich hatte sich der Wagen kaum verändert.

Scheinbar mußte erst alles noch schlechter werden, bis es wieder bergauf gehen konnte. 1975 verschwand der Mark-IV-V8 aus der Aufpreisliste und überließ das Feld dem 350er V8, der bis 1980 in verschiedenen Leistungsstufen erhältlich war:

Jahrgang	Leistung L-48 (L-82)	Verdichtungsverhältnis
1975	165 PS (205 PS)	9,0:1
1976	180 PS (210 PS)	9,0:1
1977	180 PS (210 PS)	9,0:1
1978	185 PS (220 PS)	8,9:1

Alles ist natürlich relativ, und im Vergleich zu den meisten anderen Produkten aus Detroit war die Corvette auch in den späten siebziger Jahren immer noch ein eindrucksvolles Geschoß. Wie die im Laufe der Jahre leicht gestiegenen Leistungswerte in der vorstehenden Auflistung beweisen, haben die Motorenentwickler trotz aller staatlicher Restriktionen nicht aufgegeben. 1978 erhielt die Corvette eine neue, gläserne Rückfront, ein neues Handschuhfach und ein dickeres Auspuffrohr. Der 350 cid große V8 war in der serienmäßigen L-48-Ausführung um 5 PS, in der auf Wunsch erhältlichen L-82-Version sogar um 10 PS erstarkt. Die letztgenannte Ausführung (die übrigens nicht in Kalifornien angeboten wurde, weil dort die schärfsten Emissionsgesetze galten) atmete durch zwei schnorchelförmige Ansaugluftsammler, ein dickeres Auspuffrohr und einen Schalldämpfer mit geringerem Gegendruck trotz Katalysator deutlich freier als ihr Serienpendant. Mit dem L-82 beschleunigte die Corvette in 6,5 Sekunden von 0 auf 100 km/h und absolvierte die Viertelmeile in 15 Sekunden, wobei als Höchstgeschwindigkeit 144,8 km/h erreicht wurden. Nicht weltbewegend, aber immerhin . . .!

Im Corvette-Jahrgang 1972 gab es zum letzten Mal verchromte Stoßstangen, und auch leistungsmäßig stand das Modell vor einer Wende: 1973 war bereits kein einziger „heißer" Motor mehr im Programm.

Zwei Sondermodelle des Jahrgangs 1978 könnten in absehbarer Zeit zu den Sammlerstücken zählen (die Zeit davor und danach war in dieser Hinsicht ja nicht besonders fruchtbar): Der „Indy Pace Car" und das „Silver Anniversary"-Jubiläumsmodell. Beide Sonderausführungen enstanden, wie Mitchell zu sagen pflegte, durch „Klebestreifen-Tuning", und sollten den zu Beginn der Wirtschaftskrise (deren Wirkungen auch heute noch zu spüren sind) deutlichen Rückgang der Verkaufszahlen auffangen. Mitchell liebte silberne Lackierungen über alles, ob an Autos oder Brotkästen, und da die Corvette schließlich ihren 25. Geburtstag feierte, schien ihm die Farbe angebracht. Das „Silver Anniversary"-Modell erhielt „Anniversary"-Aufkleber und wurde, entlang der Gürtellinie von einem dünnen Nadelstreifen getrennt, zweifarbig silber und anthrazitgrau lackiert. Ansonsten blieb die Jubiläums-Corvette für ein Sondermodell ernüchternd serienmäßig. Ob die Dekoration für Sammler jemals ein Grund sein wird, für ein solches Modell mehr zu bezahlen als für andere, sei dahingestellt.

Ein weiterer Einfall der PR-Abteilung war der Einsatz einer Corvette als „Pace Car" (d.h. das Fahrzeug, das den Rennwagen während der Warmlaufrunde voranfährt) für das 500-Meilen-Rennen in Indianapolis 1978. Die Chevrolet Division wollte daraufhin eine Serie von 2500 „Pace Car Replicas" bauen, die nach dem Motto „wer zuerst kommt, mahlt zuerst" verkauft werden sollten. Nun gab es in den USA aber 6200 Chevrolet-Händler, so daß — Sie ahnen es bereits — am Ende insgesamt 6200 „Pace Cars" gebaut wurden! Die Sonderausstattung hieß übrigens „RPO Z78".

Zwei Vorserien-Corvette des Jahrgangs 1973 auf dem GM-Testgelände. Die neuen, in Wagenfarbe lackierten Kunststoff-Stoßfänger vorne veränderten das gewohnte Erscheinungsbild, auf die herausnehmbaren Dachhälften hatte man in diesem Jahr wegen einiger Gerüchte über neue Sicherheitsbestimmungen verzichtet. Die Straßenlage war nach wie vor passabel, verlangte im Grenzbereich allerdings nach einer fest zupackenden Hand.

Ein aggressiveres Outfit für eine langsamere Corvette: Der mit Polyurethanschaum verkleidete Stoßfänger fügte sich harmonisch in die steil abfallende Fahrzeugschnauze ein. Dennoch legte man bei Chevrolet größeren Wert auf eine gute Schallisolation und eine komfortablere Federung. Nach 1973 konnte man auf die bis 225 km/h freigegebenen Radialreifen der Größe GR 70 x 15 getrost verzichten.

Im Cockpit der 1974er Corvette roch es unangenehm nach Plastik. Im Innenraum der 68er Serie war es schon immer recht beengt zugegangen und das Gepäckabteil hinter den Sitzen war nur umständlich zu erreichen. Dafür gab es wieder herausnehmbare Dachhälften.

Für die Corvette gab es 1974 einen „Gymkhana"-Fahrwerkskit, der die Straßenlage zwar enorm verbesserte, dafür der Karosserie besorgniserregende Knarr-, Quietsch- und Ächzgeräusche entlockte. 1974 war zugleich das letzte Jahr des „Big-Block"-Motors „Mark IV", mit dem das abgebildete Modell augestattet zu sein scheint.

Für 1975, dem letzten Cabriolet-Jahr, hatte sich nicht viel verändert. Die Stoßfänger hatten kleine, gummibelegte Hörner erhalten und die Motorisierung den absoluten Tiefstpunkt erreicht: Magere 165 Pferdestärken sorgten in der Basisversion für zaghaften Vortrieb. Unter Corvette-Fans ist das 75er Modell deshalb als „Mogelpackung“ verschrieen.

1976 gab es ebenfalls nicht viel Neues, außer, daß die Corvette nun nur noch als Coupé erhältlich war. Die polierten Leichtmetallfelgen standen ihr gut zu Gesicht und auch leistungsmäßig bewegte man sich mit 180, bzw. 210 PS langsam aus der Talsohle heraus.

Wie das „Silver Anniversary"-Modell wurde auch der „Indy Pace Car" zweifarbig lackiert: Oben schwarz, unten silber, dazwischen ein dünner, roter Trennstreifen. Das Sondermodell rollte auf polierten Leichtmetallfelgen und breiten „Jumbo"-Radialreifen, die herausnehmbaren Dachhälften waren aus getöntem Glas. Das Interieur stammte unverkennbar von Bill Mitchell: silbernes Leder oder Kunstleder mit silbermelierten Teppichen! Am Bug der Indy-Corvette prangte ein weit herumgezogener, in die Radausschnitte übergehender Spoiler im Stil des Firebird Trans Am. Dagegen wirkte der hintere Spoiler mit seinen etwas lieblosen Übergängen wie „angepappt". Der „Indy Pace Car" verfügte außerdem über elektrische Fensterheber, eine heizbare Heckscheibe, eine Klimaanlage, Sport-Außenspiegel, ein höhenverstellbares Lenkrad, eine größere Batterie, elektrische Zentralverriegelung und ein UKW/MW-Stereoradio mit wahlweise 8-Spur-Cassettenspieler oder CB-Funkgerät. Im Kofferraum lag ein Satz Aufkleber, die der Besitzer, wenn er wollte, selbst anbringen konnte. Auf ihnen stand zu lesen „Official Pace Car, 62nd Annual Indianapolis 500 Mile Race, May 28, 1978". Im Vergleich zur 9531 $ teuren Serien-Corvette kostete der „Indy Pace Car" stolze 13.653 $. Das war offensichtlich noch nicht teuer genug, weshalb viele Händler unter der Hand bis zu 20 000 $ verlangten, die auch gerne bezahlt wurden. Einer, der es genau wissen wollte, bot kürzlich in einer amerikanischen Oldtimerzeitschrift seinen Pace Car für 75 000 $ an. Vielleicht steht ja wirklich jeden Morgen ein Dummer auf . . . !

Das Jahr 1978 ging ins Land, und die Zukunft der Corvette schien wieder einmal ungewiß. Dutzende mehr oder weniger brauchbare Vorschläge zur Ablösung des David-Holls-Designs von 1968 (das ja in Wirklichkeit bereits 1963 so gut wie feststand und auf dem Chassis der 63er-Corvette aufbaute) wurden erwogen und wieder verworfen. Lange Zeit drehte sich alles um die „Aerovette", einen schillernden Prototyp und einer der letzten Entwürfe von Bill Mitchell. Doch auch die „Aerovette" fand keine Mehrheit.

Letzten Endes beschloß man, das alte Design so lange zu vermarkten, wie es sich verkaufen ließ. Das hieß, wie wir heute wissen, bis 1982 — eine erstaunliche Lebensdauer für ein amerikanisches Automobil, noch dazu für einen Sportwagen!

Die Corvette von 1979 unterschied sich demnach kaum vom 78er Modell, das als erstes mit dem neuen „Glassback" versehen worden war. Lediglich die Einfassungen der Dachhälften und der Heckscheibe wurden geschwärzt und das alte Emblem mit den gekreuzten Flaggen (wohl aus nostalgischen Gründen) wieder eingeführt.

Was das Triebwerk angeht, so wurde der alte 350-cid-V8 (mittlerweile „5,7-Liter" genannt) zugunsten eines ausgewogeneren Leistungs- und Drehmomentverlaufs und besserer Kaltlaufeigenschaften überarbeitet. Die

Mit dem Stingray von 1977 ging eine weitere Styling-Periode zu Ende. Das letzte Stufenheck-Modell wurde im darauffolgenden Jahr vom „Glassback" mit großer, gewölbter Heckscheibe abgelöst. An der Motorisierung hatte sich nichts geändert.

Schaltgetriebe-Versionen erhielten die weichere Federung des Automatik-Modells, was den Fahrkomfort zwar verbesserte, dem Handling hingegen kaum zugute kam. Die Hinterachsübersetzung wurde von 3,08:1 auf 3,55:1 verkürzt. Die Schalensitze der Sondermodelle von 1978 mit ihren hohen Lehnen wurden serienmäßig in alle Modelle eingebaut. Da das Gepäckabteil noch immer nicht von außen zugänglich war, erhielten die Sitzlehnen neue, höher angebrachte Scharniere, die ein weites Vorklappen der Lehnen zum Beladen des „Kofferraums" gestatteten.

1980 war das letzte Jahr für den betagten 350er V8 und gleichzeitig ein Jahr intensiver „Schönheitsreparaturen" an der Karosserie. Um den Verbrauch zu senken mußte die Corvette 120 kg abspecken. Damit rutschte sie in der Gewichtstabelle des Umweltschutzministeriums (EPA) gleich um zwei Klassen nach unten und trug dazu bei, den Durchschnittsverbrauch aller Chevrolet-Modelle zusammen betrachtet auf 11,8 Liter pro 100 Kilometer zu senken. Der gleichzeitig als Kühlergrill dienende Stoßfänger hatte einen integrierten Spoiler erhalten, der nicht nur aerodynamische Vorteile bringen, sondern auch den Kühlluftanstrom verbessern sollte. Der eigentliche Kühlergrill war weiter zurückgesetzt worden und die bis 1979 aus Metall gefertigten Strukturelemente der Stoßfänger bestanden nun aus Fiberglas. In das hintere Deformationselement wurde ein Spoiler integriert und neue

„Ein Klassiker auf Bestellung“ hieß es in der PR-Abteilung, als man der Kundschaft 1978 das Sondermodell „Indy Pace Car“ schmackhaft machen wollte. Im Kofferraum des auffällig schwarz und silbern lackierten Corvette-Modells lag ein Satz Aufkleber, den der Kunde je nach Geschmack selbst anbringen konnte. Die in 6200 Exemplaren gebaute „Pace Car Replica“ war mit allen erdenklichen Extras wie elektrischen Fensterhebern, Klimaanlage, Radio-Cassettendeck oder CB-Funk ausgestattet und wurde zum stolzen Preis von 13.653 $ angeboten. Die Nachfrage war jedoch so groß, daß viele Händler erhebliche Preisaufschläge verlangen konnten.

Leuchteinheiten eingesetzt. Chassis und Fahrgastzelle wurden ebenfalls überarbeitet und gegenüber 1979 deutlich erleichtert. Als Material für Differentialgehäuse und Querträger wurde Aluminium gewählt, die Auspuffanlage wurde zur Gewichtseinsparung und Leistungssteigerung neu gestaltet. Die Zahnradpaare für den ersten und zweiten Gang im Schaltgetriebe wurden zur Anpassung an die längere Hinterachsübersetzung kürzer gestuft und die Getriebautomatik erhielt einen Drehmomentwandler, der ab 50 km/h Fahrgeschwindigkeit oder bei Niedertreten des Bremspedals einen Kraftschluß herstellte.

Die Corvette von 1981 profitierte vom „Kalorienbewußtsein“ des Vorjahresmodells und wurde mit dem neuen „L-81“-Motor ausgerüstet, der die betagten L-82- und L-48-Versionen gleichen Hubraums ablöste. Der L-81 verfügte über die neue CCC-Steuerelektronik (Computer Command Control), die neben der Abgasentgiftung auch die Wandlersperre in der zweiten und dritten Fahrstufe der Getriebeautomatik regelte. Ein paar zusätzliche Pfunde ließen sich durch die Verwendung einer neuen, GFK-verstärkten Querblattfeder an der Hinterachse einsparen, wo seit 1963 eine Metallfeder ihren Dienst verrichtet hatte. Dünnere Seitenscheiben und eine abermals erleichterte Edelstahl-Auspuffanlage waren 1981 auch neu, in der Aufpreisliste tauchte erstmals eine sechsfache elektrische Sitzverstellung auf. Die serienmäßige Alarmanlage wurde um eine Anlaßsperre erweitert, die ein Starten des Motors nach einem gewaltsamen Eindringen in das Fahrzeug auch dann verhinderte, wenn die Zündung überbrückt wurde.

Die 1982er Corvette hat das Zeug zu einem echten Sammlerstück, denn sie repräsentiert nicht nur das Ende einer Ära, sondern gleichzeitig auch einen Neubeginn. Unter der Kunststoffhaut verbirgt sich nämlich die komplett neue Motor-/Antriebseinheit des 1984er Modells.

Traditionalisten sei vorab versichert, daß auch die 84er Corvette (wie die 82er) noch mit V8-Motor zu haben ist und im Gegensatz zum Camaro, der sich mit 5 Liter Hubraum begnügen muß, auch weiterhin mit 5,7 Litern protzen darf. Die wohl wichtigste Neuerung betraf die Gemischaufbereitung: Statt normaler Vergaser thronten auf dem Ansaugkrümmer der neuen Corvette jetzt die zwei Gemischfabriken der elektronischen Einspritzung (TBI). In Verbindung mit einem Computer wird die benötigte Kraftstoffmenge genau dosiert in den Ansaugweg gespritzt. Chevrolet nennt diese Art der Einspritzung etwas unglücklich „Cross Fire Injection“, was für amerikanische Ohren eher nach „Fehlzündung“ klingt (Ein Tester von „Road & Track“ frotzelte auch gleich: „Tritt mal lieber ein Stück zurück, Junge, dieser Motor kreuzfeuert gleich!“). Das ändert jedoch nichts an der Tatsache, daß die elektronische Einspritzung eine wirklich feine Sache ist.

Das Verdichtungsverhältnis der Motorengeneration von 1982/84 wurde

Anläßlich des 25-jährigen Produktionsjubiläums gab es 1978 auch ein „Silver Anniversary"-Sondermodell der Corvette. Die „Sonderausstattung" beschränkte sich jedoch auf die zweifarbige Lackierung in anthrazitgrau und silber und einige dezente Aufkleber. Da auch dieses Modell einen Meilenstein in der Corvette-Geschichte darstellt, könnte die „Silver Anniversary"-Corvette in ein paar Jahren durchaus einen gewissen Sammlerwert erreichen.

Im Gegensatz zu 1978, als Corvette-Sondermodelle und die neue, große Heckscheibe Furore machten, war 1979 wieder ein Jahr der kleinen Retuschen. Die in der „Pace Car Replica" eingeführten, hohen Schalensitze zählten nun zur Serienausstattung und ermöglichten wegen ihrer höher angebrachten Scharniere einen besseren Zugang zum Gepäckabteil.

Den Stingray gab es 1979 auf Wunsch mit einer 225 PS starken V8-Maschine vom Typ L-82 und hatte damit nach einer fünf Jahre langen Durststrecke erstmals wieder etwas mehr Muskeln.

mit 9:1 (gegenüber 8,2:1) wieder etwas erhöht, die Nockenwelle durfte mit größerem Hub und längeren Überschneidungsphasen wieder mehr Profil zeigen. Neu waren auch die Edelstahl-Auspuffkrümmer. Ausgeklügelte Systeme zur Abgas- und Kraftstoffdampf-Rückführung sorgten in Verbindung mit großvolumigen, geregelten Katalysatoren für eine weitgehende Entlastung der Umwelt. Das Resultat dieser Bemühungen waren stolze 200 PS bei 4200 U/min und ein maximales Drehmoment von 380 Nm bereits bei 2800 U/min. „Zwar weit entfernt von den Leistungsorgien zu Zeiten der über 400 PS starken L88 und L-68," wie ein Tester schrieb, „aber im Vergleich mit den heute üblichen Magermotoren auch nicht gerade ein Mauerblümchen." Eine gegen Ende 1982 getestete Automatik-Corvette beschleunigte in 7,9 Sekunden von 0 auf 100 km/h, hatte nach 16 Sekunden eine Viertelmeile zurückgelegt und dabei eine Geschwindigkeit von 137 km/h erreicht — deutlich bessere Werte als noch 1981. Wenn man nun noch berücksichtigt, daß das 84er Modell gut 230 kg weniger auf die Waage bringt, darf man auf die weitere Entwicklung durchaus gespannt sein!

Das 82er Modell war nur mit Viergang-Automatik zu haben, ein Schaltgetriebe gab es erst 1984 wieder gegen Aufpreis. Die Automatik wurde von einer „Black Box" gesteuert (dem „Electronic Control Module"), einem Mini-Computer, der nebenher auch noch die Einspritzanlage steuert, die Kühlwassertemperatur überwacht, die Stellung der Drosselklappen registriert, die Lambdasonde im Auspuffkrümmer abfragt und etwaiges Beschleunigungsklingeln selbständig durch mehr Frühzündung kompensiert. Das „ECM" entscheidet auch, wann die Wandlersperre eingreift, die durch eine kraftschlüssige Verbindung von Kurbelwelle und Hinterachse unnötigen Schlupf im Antriebsstrang eliminiert. Bei den 1982er Modellen war dieses kleine Wunderwerk der Elektronik offenbar gelegentlich überfordert: Die Automatik weigerte sich bisweilen standhaft, in den nächsten Gang zu schalten oder schaltete die Wandlersperre im unpassenden Moment zu, doch diese Kinderkrankheiten dürften in der neuesten Corvette-Generation von 1984 auskuriert sein.

Am Ende der Produktionszeit der 68er Generation erhielt die Corvette 1982 im Rahmen einer letzten Sonderserie („Collector Edition") endlich einen von außen zugänglichen Gepäckraum — in Form einer klappbaren Heckscheibe. Darauf hätte man ja wirklich schon früher kommen können! Die Produktion war von St. Louis in ein modernes Werk in Bowling Green,

Intensive Windkanaltests veränderten das Gesicht der Corvette von 1980, die auch gut 120 kg abgespeckt hatte. Als besonderes Extra gab es einen außen zu montierenden Träger, auf dem man die abgenommenen Dachhälfte transportieren konnte.

Kentucky, verlegt worden. Die Verarbeitungsqualität hatte sich dadurch zwar erheblich verbessert, doch klapperte und dröhnte die 82er Corvette noch genauso wie ihre ältere Schwester von 1968, schließlich hatten beide denselben verwindungsfreudigen Rahmen.

Die Corvette Baujahr 1982 fuhr sich wie ihre Vorgängerin. Sie lag gut in Kurven, war dabei jedoch nicht gerade handlich und schmierte nach Erreichen der Reifenhaftgrenze rasch über die Hinterräder weg. Fahrer und Beifahrer saßen wie in einer Badewanne ziemlich beengt und wurden ordentlich durchgeschüttelt - das Resultat zu hoher ungefederter Massen bei zu straffer Federung. Im Cockpit ging es sehr laut zu: Motor-, Auspuff- und Windgeräusche erstickten im Verein mit einem vernehmlichen Ächzen in den Fugen der Karosserie jede Unterhaltung. Der Verbrauch lag normalerweise bei 18 l/100 km, ließ sich mit sensiblem Gasfuß auf längeren Strecken jedoch bis auf ca. 13 l/100 km drücken.

Die 1984 vorgestellte neue Corvette-Generation (die wenigen noch 1983 verkauften Corvette werden als 82er behandelt) ist in jeder Hinsicht

Glattflächiger und windschlüpfriger denn je präsentierte sich die Corvette 1980, die trotz der energiesparend lang gewählten Getriebeübersetzung auch zu den flottesten Corvette-Modellen seit Jahren zählte.

Die abermals um einige Pfunde erleichterte Corvette Jahrgang 1981 trug die wichtigsten Veränderungen unter ihrem Kunststoffkleid. Das neue, abgasentgiftete L-81-Triebwerk wurde von einem „CCC"-Minicomputer-System überwacht und eine in der serienmäßigen Alarmanlage integrierte Schaltung verhinderte ein Starten des Motors nach gewaltsamem Eindringen in das Cockpit.

Einer der letzten Mohikaner: Die Chevrolet Corvette Stingray von 1982. Durch die Verlegung der Produktion in das neue Chevrolet-Werk in Kentucky hatte sich die Verarbeitungsqualität deutlich verbessert. Der 5,7-Liter-V8 gab seine Kraft an ein Viergang-Automatikgetriebe weiter, ein Schaltgetriebe sollte es erst 1984 wieder gegen Aufpreis geben.

Nichts dazugelernt: Als ob eingefleischte Sammler werksseitig angebotene „Collector Editions“ nicht schon immer verschmäht hätten und die Preise für solche Sondermodelle nicht mit schöner Regelmäßigkeit schon kurz nach dem Abklingen der ersten Begeisterungwelle in den Keller gefallen wären! Ob die Corvette „CE“ von 1982 ein Sammlerstück ist oder nicht wird sich frühestens in ein paar Jahren zeigen. Allein die als Klappe ausgebildete Heckscheibe sichert dem Modell jedoch bereits eine Sonderstellung in der Baureihe.

Unter der Haube der 1982er Corvette sorgte eine elektronisch gesteuerte „Cross-Fire"-Zentraleinspritzung für die optimale Gemischaufbereitung, die auch für die jüngste Corvette-Baureihe ab 1984 übernommen wurde. Einen 83er Jahrgang hat es offiziell nie gegeben, wenn auch manche 82er Modelle aus Marketinggründen als 83er Corvette verkauft wurden.

das bessere Auto und nimmt daher eine ähnliche Schlüsselstellung ein wie die „Meilenstein"-Corvette von 1956 und 1963. Trotz der Krämernaturen im GM-Vorstand, trotz aller Auflagen durch den Gesetzgeber und trotz der tiefgreifenden Veränderungen in der Energie- und Umweltpolitik haben die Chevrolet-Ingenieure eine stilistisch gelungene und leistungsfähige neue Corvette auf die Räder gestellt. Zum ersten Mal seit den sechziger Jahren hat die Corvette wieder eine echte Chance. Natürlich war es nicht immer leicht gewesen, und Zora Arkus-Duntov faßte 1977 in einem Interview mit John Lamm 25 Jahre Corvette-Entwicklung in einem Wort zusammen: „Kampf". Auf Johns Frage, gegen wen er denn all die Jahre gekämpft habe, antwortete er lapidar: „Gegen alle, die nicht meiner Meinung waren."

KAPITEL 8

Show-Cars und Prototypen

Studien zum Thema Corvette

Die Entwicklung der Corvette ist eng mit dem „Dream Car"-Programm der General-Motors-Stylingabteilung und der Glitzerwelt des Nachkriegs-Wanderzirkus „GM Motorama" verbunden. Diese für Europäer kaum vorstellbare Ausstellung auf Rädern, die 1949 zum ersten Mal auf Tournee ging, war nicht nur eine Publicity-Show, sondern diente auch einem ganz bestimmten Zweck. GM-„Zivilfahnder" mischten sich unters Volk und beobachteten die Reaktionen der Besucher auf die einzelnen Styling-Studien von Harley Earl und seiner Mannschaft. Earl selbst schlenderte bisweilen durch die Gänge, und sein System muß wohl funktioniert haben, denn GM brachte in diesen Jahren fast keine ungeliebten Modelle heraus.

Die erste Corvette war ursprünglich ebenfalls ein Motorama-Ausstellungsstück gewesen, und obwohl ab Anfang der sechziger Jahre kein solches Spektakel mehr stattfand (GM verdächtigte die Konkurrenz der „Designspionage") wird die Einführung eines neuen Modells auch heute noch nach dieser Methode vorbereitet. Jeder neuen Corvette-Generation, die 84er-Baureihe eingeschlossen, ist zur Sondierung der Publikumsreaktion mindestens eine Designstudie oder ein „Show Car" vorausgegangen.

In den fünfziger Jahren, auf der Höhe seiner Macht, konnte Harley Earl persönlich entscheiden, welche Modelle und Studien auf der Motorama ausgestellt werden sollten. 1963 war Earls Lieblingskind der Corvette-Prototyp, für den Bob McLean die Grundkonstruktion geliefert hatte. Wie bereits im zweiten Kapitel beschrieben hatte er bei seinem Entwurf an der Hinterachse begonnen und sich schrittweise über die Sitze und die Motorspritzwand nach vorne zum Triebwerk gearbeitet, das er aus Gründen der Gewichtsverteilung weit nach hinten rückte. McLean hatte auch den Radstand auf 2590 mm festgelegt.

Die meisten Motorama-Austellungsstücke waren nicht wie bei den meisten anderen Automobilherstellern einfach auf Holzböcken montierte, lackierte Hüllen, sondern fahrbereite Autos. Die Exponate bauten meist auf relativ unveränderten Personenwagen-Chassis auf, weshalb manche Show-Cars wie beispielsweise der „Buick Le Sabre" etwas ungeschickt proportioniert wirken: Unter der hinreißenden Karosserie steckte schließlich eine biedere Familienkutsche! Für die Motorama-Corvette hatte Earl jedoch keine Kosten gescheut und eigens einen Chassisrahmen mit kurzem Radstand anfertigen lassen, was einerseits Earls Einfluß auf die GM-Geschäftsleitung, andererseits aber auch die Ernsthaftigkeit, mit der man am Corvette-Projekt arbeitete, verdeutlicht.

Die Motorama-Corvette, die ihr Debüt im Januar 1953 im Waldorf-Astoria-Hotel in New York gab, unterschied sich in einigen Ausstattungsdetails noch vom späteren Serienmodell. Auf den reizvollen Kontrast zwischen der Lackierung in „Polo-Weiß" und der roten Innenausstattung wollte man jedoch für die Serie nicht verzichten. Die Publikumsreaktion auf das Motorama-Modell war überwältigend, wie Harley Earls „Geheimagenten" in ihrem Bericht an den GM-Vorsitzenden Harlow Curtice bemerkten. Der Chevrolet-Sportwagen erhielt also grünes Licht.

Für die Motorama 1954 bereitete Earls Team gleich drei Studien auf der Basis der mittlerweile in Serie produzierten Corvette vor. Die erste Studie war ein nur geringfügig modifiziertes Serienexemplar mit Kurbelscheiben in den Türen und einem angeschraubten Hardtop. Diese Ideen waren so praxisnah, daß sie ohne Schwierigkeiten in das Lastenheft für die 1956er Serie aufgenommen wurden.

Der zweite Show Car war ein „Corvair" (der Name setzte sich aus „Corvette" und „Bel Air" zusammen) genanntes Fastback-Coupé. Die Nummernschildaufnahme am Heck des Corvair war als sogenannte „Shadow-Box" in die Karosseriefläche eingelassen und von einer breiten Chromleiste umrahmt. Bis zur Windschutzscheibe war die Karosserie jedoch ziemlich Corvette-ähnlich. Earl und Ed Cole wollten der Corvette dieses Coupé zur Seite stellen, doch die ohnehin schleppenden Verkaufszahlen der offenen Corvette ließen dieses Vorhaben scheitern.

Die dritte Motorama-Studie für 1954 sollte sich als wichtigste Anregung

Der Mann, der für alle Show-Cars vom Ur-Stingray bis zur Aerovette verantwortlich war: Bill Mitchell. Diese Fotografie zeigt Mitchell mit dem Mako Shark II und seiner privaten Corvette.

Die Ur-Corvette, wie sie auf der Motorama 1953 zu sehen war. Der augenfälligste Unterschiede zur späteren Serienausführung besteht in den kurzen seitlichen Zierleisten, doch auch viele Details waren von der Umstellung auf Massenproduktion betroffen, zum Beispiel die verchromten Türinnengriffe, der verchromte Schalthebelknauf, die beiden zusätzlichen Knöpfe auf der Beifahrerseite des Armaturenbretts, die Lufthutzen auf den vorderen Kotflügeln, die schmalen Scheinwerfer-Zierringe, das vordere Typenemblem, die großen, um 90° verdreht montierten Zentralverschluß-Attrappen oder der Schriftzug am Kofferraumdeckel. Außerdem hatte die Show-Corvette noch keine Dichtung am Rahmen der Windschutzscheibe, keine Traufrinnen und noch keine Frischluftklappe vor der Windschutzscheibe.

erweisen, obwohl sie als einzige nicht auf dem Radstand der Corvette aufbaute. Der von Carl Renner von den Chevy-Studios entworfene Chevrolet „Nomad" war ein sportlicher Kombiwagen mit Corvette-orientierter GFK-Karosserie auf der Basis der normalen Limousinen-Bodengruppe mit 2920 mm Radstand. Der Nomad kam beim Publikum überraschend gut an, und Chevrolet entschloß sich, die Bel-Air-Serie 1955 durch einen „Nomad" getauften Kombi zu ergänzen. Zwischen 1955 und 1957 entstanden 22.898 Chevrolet Nomad und 10.998 identische Pontiac Safari, also gut dreimal so viel wie Corvette. Nach GM-Maßstäben leider nicht genug, so daß aus dem Nomad/Safari 1958 ein „stinknormaler" Kombi wurde.

Mehrere Sammlergenerationen haben in der Zwischenzeit vergeblich nach den Original-Motorama-Ausstellungsstücken von 1954 gesucht. Das Gerücht, General Motors habe den Waldorf-Astoria-Nomad unmittelbar nach seinem Auftritt in Sicherheit gebracht und verstecke ihn nun irgendwo, hält sich trotz zahlreicher Dementis von GM-Seite hartnäckig. Nun existieren viele ehemalige GM-Show-Cars tatsächlich auch heute noch in der konzerneigenen Sammlung, doch ausgerechnet der Nomad befindet sich nicht darunter. Auch die Chance, das Einzelstück eines Tages unter einem texanischen Heuhaufen zu finden, ist relativ klein, doch man kann ja nie wissen . . .!

1956 wurde die Corvette zum ersten Mal stilistisch „geliftet", und viele

Auf der Motorama von 1954 nahm diese Show-Corvette bereits einige wichtige Änderungen für den Jahrgang 1956 vorweg, wie zum Beispiel die Kurbelscheiben in den Türen oder das aufsteckbare Hardtop mit den dünnen Dachpfosten.

Der auf einem Limousinen-Chassis mit 2920 Millimeter Radstand aufbauende „Nomad" sollte von 1955 bis 1957 tatsächlich in Serie produziert werden, jedoch nicht als Corvette-Version. Der für einen Kombi ungewöhnlich schnittige Nomad gefiel vor allem durch die extrem schrägstehenden Dachpfosten und das fließende Heck.

Welchen Effekt doch ein paar Farbtupfer haben! Die obere Aufnahme zeigt eine „gemäßigte“ Corvette-Studie für 1956, noch mit hellem Hardtop und schmalen Weißwandringen an den Reifen (ihrer Zeit übrigens weit voraus). Darunter dieselbe Aufnahme nach ein paar Retuschen durch den Fotografen. Übrigens ging keine der beiden Ausführungen in Produktion.

Einen Vorgeschmack auf das Styling der zweiten Corvette-Generation gab der „LaSalle II" bereits auf der Motorama 1955. Bereits bei dieser Studie experimentierte die Stylingabteilung mit konkaven Karosserieflanken, von anderen, weniger überzeugenden Ideen einmal ganz abgesehen.

der verarbeiteten Designideen stammten wiederum von GM-Studien. Die vorderen Kotflügel und die beiden „Power Bulges" genannten Beulen auf der Motorhaube hatte man beim „Flügeltürer"-Mercedes 300 SL abgekupfert, doch die konkaven Karosserieflanken wurden von den Studien „Biscayne" und „LaSalle II" beigesteuert, die auf der Motorama 1955 zu sehen gewesen waren. Die Idee mit den Lufthutzen auf den Kotflügeln links und rechts vor der Windschutzscheibe, die bereits die Waldorf-Corvette geschmückt hatten, wurde für das 1956er Modell wieder aufgegriffen.

Im Sommer 1956 erhielt Harlow Curtice eine ganz spezielle Corvette für den persönlichen Gebrauch. Der metallic-hellblaue Roadster mit abnehmbarem Hardtop und echten Zentralverschlußrädern hatte die ausladenden vorderen Kotflügel des SR-2-Rennwagens erhalten, in den konkaven Flanken glitzerten Verzierungen aus poliertem Edelstahl. Auch die kleine, angenietete Heckflosse in der Mitte der Kofferraumhaube erinnerte an den SR-2. Die bei Curtices Edel-Corvette noch am Ende der konkaven Flanken angebrachte Hutze wanderte beim Serienmodell 1958 (verkehrtherum) an den Anfang der Fläche, direkt hinter den vorderen Radausschnitt.

Bill Michells persönlicher SR-2, der später auf einer Motorama zu bewundern war und von Jerry Earl auf die Rennstrecke gebracht wurde, war knallrot lackiert und mit allen Attributen eines Rennwagens versehen. Den sich hinter dem Kopf des Fahrers erstreckenden „Kopfbürzel" hatte man wohl vom Jaguar D-Type abgeschaut, die Windschutzscheibe war extrem niedrig, der Sitzplatz des Beifahrers durch ein Metall-Tonneau abgedeckt. Mitchells SR-2 rollte auf rennmäßig bereiften Hallibrand-Leichtmetallrä-

Ebenfalls auf der Motorama 1955 zu sehen war diese Limousinenversion des „LaSalle II", die an die Tradition des letzten LaSalle von 1940 anknüpfen sollte. Mit mäßigem Erfolg allerdings.

Die dritte auf der Motorama 1955 ausgestellte Studie, der Chevrolet „Biscayne", porträtierte eine für 1958/59 vorgesehene Coupéform.

Der „XP-700", einer von Bill Mitchells ersten Entwürfen nach der Übernahme der Stylingabteilung von Harley Earl. Das futuristische Fahrzeug mit Plexiglasdach und langer „Raketennase" beeinflußte die Linie der Corvette glücklicherweise nur durch sein weniger spektakuläres Heck. Später entstand daraus der „Shark".

dern mit Zentralverschluß. Großen Einfluß auf das Corvette-Design hatte der SR-2 zwar nicht, doch trug er maßgeblich zur Festigung von Mitchells Stellung als Nachfolger von Harley Earl bei.

Kaum zum Chef der Stylingabteilung ernannt, schuf sich Mitchell 1958 einen noch viel wilderen Traumwagen: Den XP-700. Die etwas gewöhnungsbedürftige Form des als Ideensammlung für zukünftige Sportwagen gedachten Wagens schlug sich glücklicherweise nicht in den Linien der späteren Modellgenerationen nieder. Die gelungensten Einfälle — das flache Heck und die am oberen Rand der hinteren Radausschnitte ansetzenden Sicken — flossen wie die eingelassenen Hecklechten jedoch in die Karosseriegestaltung der 1961er Corvette ein, der mächtige Überhang vor der Vorderachse und das „Bubble-Top"-Plexiglasdach hatten dagegen keine Chance.

Ebenfalls 1958 begann Mitchell mit seiner Arbeit an der stilistisch wohl interessantesten Corvette-Studie, dem „Stingray". Der von vorneherein für den Wettbewerbseinsatz gedachte Wagen durfte wegen der Anti-Rennsport-Resolution nicht „Corvette" heißen, um GM bei der AMA nicht in Mißkredit zu bringen. Irgendwie schaffte es Mitchell, Zora Arkus-Duntov den außer Gefecht gesetzten Sebring SS als Basisfahrzeug für seine Kreation „abzukaufen". Die offene Karosserie des Stingray entstand übrigens aus einem „Q-Car" getauften Coupé, das sich Mitchell als völlig neue Corvette für 1960 ausgedacht hatte. Ein Veto aus der GM-Vorstandsetage hatte das Projekt zwar zum Scheitern gebracht, doch Mitchell sollte seinen „Q-Car" bekommen - wenn auch durch die Hintertür.

Das Konzept des Q-Car beruhte auf Aerodynamik, beziehungsweise darauf, was man sich in den fünfziger Jahren unter Aerodynamik vorstellte. Die Karosserie hatte daher ein flaches Dach und einen abgerundeten, „windschlüpfrigen" Rumpf. „Das Ganze sollte im Prinzip wie eine umgekehrte Flugzeugtragfläche wirken," beschrieb ein GM-Designer den Entwurf, „und den Wagen fest auf die Fahrbahn pressen. Dann mußten wir feststellen, daß die Karosserie im Gegenteil sogar einen beträchtlichen Auftrieb entwickelte. Bei hohen Geschwindigkeiten hob der Wagen vorne buchstäblich ab. Wenn wir das Ding nur zum Fliegen gebracht hätten . . . !"

Trotz seiner aerodynamischen Verfehlungen sah der Stingray einfach hinreißend aus — ein Stück unverbrauchter Schöpfungskraft neben der in Detroit regierenden stilistischen Mittelmäßigkeit und der im Grunde phantasielosen Effekthascherei. Und so schlimm können die Flugversuche des Stingray gar nicht gewesen sein, denn immerhin sicherte sich Dr. Dick Thompson damit 1960 die Meisterschaft in der Klasse C „Modifizierte Sportwagen". Mitchell holte den Wagen danach wieder in seine Abteilung

Eindrucksvoll und ungeheuer dynamisch sah der „Stingray“-Rennwagen aus, der das Erscheinungsbild einer ganzen Corvette-Generation prägen sollte. Die Aufnahmen auf dieser Seite zeigen den Wagen nach seiner Rennsportkarriere, von Mitchell restauriert und silberfarben lackiert. Die Idee zu dem Kopfbürzel lieferte offensichtlich der Jaguar D-Type.

Aus der viersitzigen Corvette mit verlängertem Radstand, die der erfolgreichen Viersitzer-Version des Ford Thunderbird (auf dem unteren Bild zu sehen) Konkurrenz machen sollte, wurde nichts. Die Verlängerung der Karosserie stand der Corvette genauso wenig wie dem Jaguar E-Type . Zora Duntov und Bill Mitchell waren von Anfang an strikt gegen eine „Familien-Corvette“ gewesen.

An diesem Show-Car von 1963 wird Bill Mitchells Vorliebe für außenliegende Auspuffanlagen und breite „Rennstreifen" deutlich. Mitchell konnte durchsetzen, daß die außenliegenden Auspuffrohre an manchen Stingrays serienmäßig montiert wurden.

Die Ähnlichkeit des „Shark" („Hai") mit seinem Namensvetter im Meer ist wirklich verblüffend. Dieser Entwurf von Larry Shinoda wurde später in „Mako Shark" umgetauft. Mitchell mochte vor allem die fließenden Übergänge der Lackierung, weil „die Unterseite einfarbig dunkler Fahrzeuge im Schatten verschwindet. Der Shark dagegen macht bei jedem Licht eine gute Figur."

Der „Mako Shark II“, hier als Modell ohne Innenleben abgebildet, bestach durch seine aggressive Optik. Das Cockpit war ein elektronisches Wunderland mit vielen ungewöhnlichen Detaillösungen wie den etwas klobigen Bedienungselementen an der Lenksäule oder den „Orgelpedalen“.

und überarbeitete ihn gründlich. Metallic-silberfarben lackiert, mit dicken, außenliegenden Auspuffrohren, Hallibrand-Leichtmetallrädern mit Zentralverschluß und einem silberfarbenen Leder-Interieur versehen wurde der Stingray zum Star der letzten Motoramas. Heute gilt er vielen als die schönste Corvette, auch Bill Mitchell. Der Stingray war zweifellos einer der beliebtesten Motorama-Show-Cars.

Seinen größten Auftritt hatte der Stingray jedoch nicht auf der Rennstrecke, sondern in den Zeichenbüros der GM-Stylingabteilung. Während Mitchells „Q-Car“-Entwurf bei den Herren der Vorstandsetage abgeblitzt war, schaffte der Stingray den Durchbruch. Plötzlich sah man in ihm eine echte Corvette und stimmte der Weiterentwicklung der Studie zum Urmodell einer neuen Corvette-Generation zu. Der erste Serien-Sting-Ray wurde bereits 1963 vorgestellt.

Wie bereits in einem früheren Kapitel angedeutet, gab es im GM-Vorstand ein paar Leute, die dem unerwarteten Erfolg des viersitzigen Ford Thunderbird unbedingt etwas Gleichwertiges entgegensetzen wollten. Mitchells Mannschaft machte sich daraufhin eher lustlos an einen viersitzigen Corvette-Prototyp auf der Basis des 1963er Sting Ray, der zu Anschauungszwecken neben einem 62er Thunderbird fotografiert wurde. Vielleicht war es diese direkte Gegenüberstellung, die die Herren schließlich von der Undurchführbarkeit ihres Plans überzeugte. Für Zora Duntov war die Cor-

Der „Mako Shark II“ in voller Fahrt. Der trotz aller Exotik durchaus realisierbare Prototyp hatte maßgeblichen Einfluß auf das Design der 68er Corvette.

Der „Manta Ray“ von 1969 war im Prinzip ein stilistisch überarbeiteter Mako II und als erstes GM-Modell mit Polyurethan-Stoßfängern vorn und hinten ausgestattet. Die sechs Halogenscheinwerfer waren der steinzeitlichen US-Gesetzgebung um Lichtjahre voraus und wären in den meisten Bundesstaaten aller Wahrscheinlichkeit nach sogar verboten worden.

Der kürzlich für 165 000 $ zum Verkauf angebotene „XP-819“ war eine der ersten GM-Heckmotor-Studien und hatte 1964 über 500 000 $ an Entwicklungsgeldern verschlungen. Als Antriebsquelle diente ein normaler 327er V8, die komplette Heckpartie ließ sich zu Wartungs- und Reparaturzwecken hochklappen.

vette ein echter Sportwagen, während er den Thunderbird als eine „dandyhaft umgestrickte Limousine“ bezeichnete. Aus welchen Gründen auch immer war das Thema viersitzige Corvette ein für allemal gestorben.

Die nach dem Stingray wohl bedeutendste Corvette-Studie war der „Shark“ („Hai“), von Larry Shinoda buchstäblich nach seinem Vorbild in der Natur gezeichnet. A propos nach der Natur gezeichnet: Mitchell hatte angeordnet, daß der Wagen farblich auf einen in der Eingangshalle der GM-Styling-Centers aufgehängten, ausgestopften Hai abgestimmt werden sollte. Die Lackierer gaben sich alle Mühe, doch nach jeder neuen Farbschicht kam Mitchell herein und schüttelte den Kopf. „Am Ende,“ vertraute mir Ken Eschenbach (der Chef der „Special Vehicles Section“) an, „hängten wir den verdammten Fisch eines Nachts ab und lackierten ihn in der Farbe des Wagens.“

Man kann Mitchell viele Fehler vorhalten, daß er laut und unbeherrscht war oder sich allzu oft mit Eigenlob überschüttete — aber eines muß man ihm lassen: Sein Gespür für neue Karosseriedesigns, die einem förmlich den Atem nahmen! Der „Shark“ war und ist eine Sensation. „Er strahlt so viel Bewegung aus und scheint wahrhaftig zu leben,“ sagte Mitchell einmal, „Der Shark ist eine Klasse für sich.“

Kurioserweise basierte der Shark auf dem XP-700, der bekanntlich nur eine stilistisch überarbeitete 58er Corvette war. Das glattflächige Heck des Shark hatte viel vom XP-700 mitbekommen und als „Versuchsträger“ diente ebenfalls ein unverändertes Corvette-Chassis, diesmal allerdings von 1961. Zwischen den ersten flüchtigen Bleistiftstrichen und dem fahrfertigen Prototyp lagen gerade zwei Jahre, wobei auch die Episode mit dem ausgestopften Fisch ihre Zeit beanspruchte. Die Grundform der Karosserie stammte unverkennbar vom 1963er Sting Ray, doch die lange Schnauze mit den drei „Kiemen“ zwischen „Maul“ und vorderem Radlauf erinnerte doch stark an einen echten Haifisch, dem Paradebeispiel für die Stromlinienform, entworfen von Mutter Natur. Der Shark war auch unter der Haube ziemlich wild. Als erstes Triebwerk diente ein turbogeladener 327-cid-V8, der im Laufe der Jahre einem 7-Liter-Can-Am-Motor mit 650 PS weichen mußte. 1965 wurde der Name in „Mako Shark“ geändert, die Lackierung wurde leicht retuschiert und das Interieur mindestens zweimal überarbeitet. Der Wagen befindet sich heute noch im Besitz von General Motors.

Der „Mako Shark II“ erblickte im April 1965 das Licht der Welt. In bester GM-Show-Car-Tradition sollte an ihm die Reaktion des Publikums auf die Grundform der neuen Corvette-Generation, die für 1968 vorgesehen war, getestet werden. Die Karosserie des insgesamt realistischeren Mako Shark II wies zwischen den beiden flossenähnlichen Kotflügeln einen scharfen „Hüftknick“ auf und hatte einen sanft abfallenden Rücken mit jalousieartig verkleideter Heckscheibe. Im Oktober 1965 wurde ein fahrbereiter Mako II fertiggestellt, der mit längerer Schnauze und Rücken stilistisch noch gelungener wirkte als die ursprüngliche (nicht motorisierte) Mako-II-Skulptur. Unter einer Klappe verbargen sich sechs Halogenscheinwerfer, als Antriebsquelle diente ein 427 cid großer ZL-1-V8. Der Wagen war mit allerlei elektrischen und elektronischen Spielereien vom Drehzahlmesser bis zum einziehbaren hinteren Stoßfänger ausgestattet.

1968 wurde aus dem Mako Shark II ein „Manta Ray“, der ebenfalls in zwei ineinanderlaufenden Farbtönen lackiert war und eine besonders auffällige Kehrseite zu bieten hatte. Ziel der Designer war es gewesen, sämtliche Fluchtlinien der bootsförmig verjüngten Heckpartie in einem Punkt zusammenlaufen zu lassen und so eine Symmetrie sowohl in der Waagerechten als auch in der Senkrechten zu schaffen. Der Manta Ray hatte auch die aus der

Die „Astro-Vette“ war eine reine Windkanalstudie und erreichte fabelhafte Luftwiderstandsbeiwerte. Die Kühlluftöffnung war zwar klein, aber ausreichend, der Überrollbgel strömungsgünstig verkleidet. Der Wagen war perlmuttweiß lackiert und hatte ein blaues Interieur.

Corvette-Serie bekannte kleine, senkrecht stehende Heckscheibe erhalten, dazu eine außen verlegte Auspuffanlage und erstmals in Wagenfarbe lakkierte Polyurethan-Stoßfänger. Diese Stoßfänger waren gleichzeitig das einzige stilistische Merkmal des Manta Ray, das seinen Weg in die Serienproduktion finden sollte (1973).

Eine sehr gelungene Studie von 1964 trug die interne Bezeichnung „XP-819" und war für die Aufnahme eines Heckmotors vorgesehen, für den Fall, daß die Entwicklungsabteilung einmal diese Möglichkeit in Betracht ziehen sollte. Sie tat es zwar nicht, doch Chevrolet behielt das Studienobjekt vorläufig und bot es in der Oldtimer-Presse kürzlich für 165 000 $ zum Verkauf an. Der von 11 Leuten in Handarbeit aufgebaute 819 war ein Shinoda-Projekt und wurde seinerzeit von Frank Winchell aus der Forschungs- und Entwicklungsabteilung und Zora Arkus-Duntov heftig diskutiert. Der Wagen hatte ein serienmäßiges 327-cid-Aggregat mit Zweigang-Automatikgetriebe im Heck, verfügte über eine Zahnstangenlenkung und wog knapp 1180 kg. Als einer der wenigen überlebenden Corvette-Studien ist der XP-

Der „Astro II" war ebenfalls ein Heckmotor-Prototyp, von Larry Shinoda außerordentlich gefällig und wirklichkeitsnah verpackt. Als Motorisierung standen ein quer eingebauter „Big-Block"-V8 und sogar ein Wankelmotor zur Debatte.

Die Corvette „Mulsanne" war aus dem „Aero Coupé", bzw. der „Astro-Vette" entstanden. Das 1969 erstmals gezeigte Einzelstück verfügte bereits über den rechteckig unterteilten Kühlergrill und die seitlichen Entlüftungsschlitze der 70er Corvette-Modelle.

819 natürlich ein begehrtes Sammlerobjekt, doch ist die Nachfrage nach solchen Träumen weit größer als das Angebot. Den vorläufigen Schlußstrich unter die Heckmotor-Entwicklungsgeschichte zog 1968 der „Astro II", ebenfalls eine Studie von Larry Shinoda.

Der „Astro I", vorher „Astro-Vette" genannt, war ein ultraflacher, stromlinienförmiger Frontmotor-Prototyp mit weit heruntergezogener Schnauze und kleinem, ovalem Kühllufteinlaß auf der Basis eines 68er-Roadsters. Die Hinterräder waren fast völlig verkleidet und das Heck hatte große Ähnlichkeit mit dem Manta Ray. Die flache Windschutzscheibe schloß sich über die Seitenscheiben an einen aerodynamisch verkleideten Überrollbügel an. Die perlmuttweiß lackierte „Astro Vette" wurde nie auf der Straße getestet, doch allein die im Windkanal ermittelten Werte versprachen einen überaus stabilen Geradeauslauf selbst bei höchsten Geschwindigkeiten.

1969 folgte ein ziemlich seriennahes „Aero Coupé", das bereits einige stilistische Merkmale des 1970er Corvette-Jahrgangs vorwegnahm, darunter der rechteckig unterteilte Kühlergrill, die Entlüftungsschlitze in den vorderen Kotflügeln und die umlaufenden Sicken an den Radausschnitten. Später entwickelte man aus dem Aero Coupé den aufwendig gestalteten „Mulsanne", der bei einigen Rennen der Can-Am-Serie als „Pace Car" eingesetzt wurde. Seitdem hat der Mulsanne den Designern noch mehrere Male als „Spielwiese" gedient. Am Ende erhielt er gar einen LT-1-Motor im Renntrimm und genießt heute, metallic-silbern lackiert und mit dezentem blauem Flammenmuster verziert, in der „Special Vehicles Section" sein Gnadenbrot.

Die wohl schönste Show-Corvette aller Zeiten war die „Aerovette", die 1980 sogar um ein Haar in Produktion gegangen wäre. Das Projekt hatte bereits 1968 auf der New Yorker Automobilausstellung begonnen, wo auf dem GM-Stand unter anderem die Frank-Winchell-Studie „Astro II", bzw. „XP-880" zu bewundern gewesen war. In Detroit arbeitete zu diesem Zeitpunkt Zora Arkus-Duntov an dem Projekt „XP-882", mit dem Fernziel Serienproduktion. Der XP-882 war ein Mittelmotor-Coupé, für das viele

Der nicht motorisierte „XP-880“ war auf der New Yorker Automobilausstellung 1968 zu sehen. Der äußerlich identische „XP-882“ war dagegen fahrbereit und mit einem V8-Mittelmotor ausgerüstet.

mechanische Komponenten aus der Corvette und aus dem Oldsmobile Tornado verwendet werden sollten. Hinter der Fahrgastzelle saß quer eingebaut ein mächtiger V8-Motor mit unter der vorderen Zylinderreihe liegendem Getriebe. Über einen Winkeltrieb wurde die Kraft von der Kurbelwelle an das Getriebe, und von dort über eine quer durch die Ölwanne geführte Antriebswelle an ein normales Corvette-Differential weitergeleitet.

Der neue Chevrolet-Generaldirektor, John Z. DeLorean, ließ die Arbeit an dem Projekt einstellen, nachdem zwei XP-882-Chassis entstanden waren. Als Ford mit dem De Tomaso Pantera jedoch das Mittelmotorkonzept wieder aufgriff, holte DeLorean die beiden Chassis wieder aus dem Keller. In den folgenden Monaten dienten sie der Entwicklungsabteilung als Experimentierfeld für den damals in der Erprobungsphase befindlichen, brandneuen GM-Wankelmotor, der erst als Zweischeiben-Aggregat, später als zwei in einem Gehäuse zusammengefaßte Zweischeibenmotoren in das XP-882-Chassis montiert wurde. Das Zweischeiben-Chassis wurde von Pininfarina eingekleidet, um die Verpackung des Vierscheiben-Motors kümmerte sich Bill Mitchell persönlich. Beide Wagen wurden 1973 ausgestellt, doch nach dem arabischen Ölembargo und der daran anknüpfenden Energiekrise wurde das Wankel-Projekt wegen des zu hohen Kraftstoffverbrauchs der beiden Rotationskolbenmotoren eingestellt.

Bereits 1977 holte man das Chassis für den Vierscheiben-Motor jedoch wieder aus dem Regal und bestückte es mit einem 400 cid (6,5 Liter) großen „Small-Block“-V8, bei dem die Antriebswelle ebenfalls durch ein Rohr in der Ölwanne geführt war. Der Wagen wurde in „Aerovette“ umgetauft und in den folgenden Jahren auf vielen Ausstellungen herumgereicht. Viele hochgestellte Persönlichkeiten bei GM und anderswo sprachen lange Zeit von einer möglichen Serienproduktion zu Beginn der achtziger Jahre. Sogar der damalige GM-Vorstandsvorsitzende Thomas Murphy hatte der Aerovette bereits grünes Licht für 1980 gegeben, weil - Ironie des Schicksals — der mittlerweile ausgestiegene John De Lorean General Motors mit seinem eigenen Sportwagen DMC-12 Konkurrenz machen wollte!

Das Design der Wankelmotor-Corvette „2-Rotor“ stammte von Pininfarina. Das „rollende Versuchslabor“ wurde aber von der Ölkrise jäh gestoppt und verschwand wie die Wankel-Pläne in der Versenkung.

Die sündhaft schöne „Aerovette“ hätte um ein Haar den Sprung in die Produktion geschafft, doch der fast zeitgleiche Ausstieg von Mitchell, Duntov und Cole aus dem General-Motors-Konzern 1978 machte alle Hoffnungen zunichte.

Diese „Corvette Turbo 3" entstand 1981 im Rahmen der Turbolader-Experimente. Wie die neue 84er Corvette verfügte auch dieses Modell über eine Zentraleinspritzung und einen 5,7-Liter-Aluminium-V8 mit Spezial-Zylinderköpfen.

Nun ist ja hinlänglich bekannt, was aus dem DMC-12 geworden ist, doch was geschah mit der Aerovette? Im Herbst 1977 war alles fertig zur Einrichtung der Produktionsanlagen, doch bereits Mitte 1978 waren die Würfel endgültig gegen die Aerovette gefallen. Der fast zeitgleiche Abschied von Bill Mitchell, Zora Arkus-Duntov und dem früheren Chevrolet-Direktor und GM-Vorsitzenden Ed Cole brachte das Projekt zu Fall.

Wenn je ein Auto schon am Tage seiner ersten Vorstellung bereits als Klassiker gegolten hätte, dann die Aerovette. Die neue Linie war fast schon zu perfekt, und das aus jedem Blickwinkel. Wenn sie in Serie gegangen wäre, hätte sie den Stahl-Plattformrahmen des XP-882 erhalten, Duntovs genialen V8-Heckmotor mit entweder 327 oder 305 cid Hubraum, ein Viergang-Schaltgetriebe oder eine „Turbo Hydramatic"-Getriebeautomatik und weiterentwickelte Corvette-Radaufhängungen. Mit einem projektierten Verkaufspreis von 15 000 bis 18 000 $ für 1980 wäre sie sogar noch erschwinglich gewesen. Eine Schande, daß die Aerovette nie gebaut wurde!

Alle GM-Show-Cars nach der Aerovette hatten übrigens einen Mittelmotor, und auch heute tut sich bei GM auf diesem Gebiet noch einiges. Unter den jüngsten Ideenträgern befindet sich eine sehr kleine Corvette mit turbogeladenem V6-Motor, eine offensichtlich vom Ferrari 308 GTB abgekupferte Mittelmotor-Berlinetta, eine sehr beeindruckende Turbinen-Corvette, entworfen von Vincent Granatelli (für jeden Kraftstoff von Kerosin bis Alkohol, Beschleunigung von 0 auf 140 in 5,5 Sekunden) und sogar eine Corvette mit Elektromotor! „Zukunftsmusik", werden Sie sagen, aber überlegen Sie mal, wie futuristisch die 84er Corvette 1964 gewirkt hätte . . .!

KAPITEL 9

Die neue Generation

1984 bis 1988

Bislang durften alle Corvette-Modelle als sammelnswerte Klassiker gelten, ob man dasselbe wohl auch einmal von der 84er Baureihe wird sagen können? Diese Frage läßt sich heute natürlich noch nicht abschließend beantworten. Was den Sammlerwert einer Corvette angeht, so hat diese rein ideelle Einschätzung meist nichts mit den faktischen Qualitäten des betreffenden Modells zu tun. Die ersten Corvette von 1953 waren objektiv betrachtet die schlechtesten. Trotzdem zählen sie heute mit zu den gesuchtesten und teuersten Exemplaren.

Aller Wahrscheinlichkeit nach wird die jüngste Corvette-Generation in der Sammlergunst irgendwo zwischen den beiden Extremen anzusiedeln sein, zwischen den 1963/67er Sting Rays und den 1957/62er Einspritzermodellen am oberen Ende der Skala und den 1968/82ern am unteren Ende. Es empfiehlt sich, die Modellentwicklung der neuen Corvette-Generation im Auge zu behalten und sich „sein" Modell herauszupicken.

Die von Grund auf neue Corvette von 1984 war 30 mm niedriger, 220 mm kürzer, 50 mm breiter und hatte einen 50 mm kürzeren Radstand als ihre Vorgängerin. Sie brachte 113 kg weniger auf die Waage und war innen viel geräumiger. Die Windschutzscheibe war mit 64° extrem flach angestellt, was in Verbindung mit den karosseriebündig eingesetzten Scheiben rundum erheblich zum geringen Luftwiderstand der neuen Corvette beitrug. Im Windkanal der Flugzeugfirma Boeing wurde ein Luftwiderstandsbeiwert (cw-Wert) von 0,34 gemessen, der dynamische Auftrieb an der Karosserie hatte gegenüber der alten Corvette um 23,7 % gesenkt werden können.

Mit einer Höchstgeschwindigkeit von über 225 km/h brauchte sie sich auch nicht vor der Konkurrenz zu verstecken. Mit dem „Z51"-Fahrwerkskit ausgerüstet verkraftete das Fahrwerk Querbeschleunigungen bis 0,95 G und schnelle Richtungswechsel waren plötzlich ein Kinderspiel — ganz im Gegensatz zu manchen früheren Corvette-Modellen! Das Fahrwerk war ganz auf satte und sichere Straßenlage bei hohen Geschwindigkeit ausgelegt, „ohne den Langstreckenkomfort zu beeinträchtigen". Doch dieses Zitat stammt aus einem Firmenprospekt und trifft meiner Meinung nach nicht unbedingt zu: Mit dem Sportfahrwerk war die 84er Corvette ein ziemlich rauher Geselle!

Chefkonstrukteur Dave McLellan bezeichnete das neue Modell als „jedem vergleichbaren Serienprodukt in dieser Klasse überlegen", wobei er allerdings nicht genauer definieren wollte, an welche Klasse er dabei dachte. Für die Klasse der luxuriösen Zweisitzer auf dem US-Markt mag seine Behauptung sogar zutreffen. „Um etwas Vergleichbares zu finden", so McLellan weiter, „muß man schon bei den Exoten suchen, die im Normalfall zwei- bis dreimal so teuer sind wie die Corvette". (Man darf nicht vergessen, daß die Corvette 1984 in den USA nur 16 000 $ kostete — für europäische Verhältnisse ein Dumpingpreis). „Die Corvette hat schon immer all diejenigen Lügen gestraft, die der Meinung waren, ein Sportwagen müsse spartanisch ausgestattet und unkomfortabel sein", meinte McLellan, „und die neue Corvette setzt diese Tradition fort". In diesem Sinne erhielt die Corvette serienmäßig eine Klimaanlage, ein digitales UKW/MW-Radio mit Zeituhr und vier Lautsprechern, elektrische Fensterheber, LCD-Analoganzeigen und Digitalinstrumente, ein einteiliges, abnehmbares Targadach, elektrisch verstellbare Sport-Außenspiegel, ergonomisch gestaltete Schalensitze, Lederlenkrad und Ledersäckchen am Schalthebel, einen eingebauten Bordcomputer, eine Sichtblende über dem Gepäckabteil, eine elektrische Antenne, H4-Scheinwerfer und Halogen-Nebelleuchten, eine ausgeklügelte Alarmanlage mit Zündungsunterbrechung und eine über drei verschiedene Schalter zu entriegelnde Heckklappe. Insassensicherheit wurde groß geschrieben. So ließ sich die Aufrollautomatik der Sicherheitsgurte per Knopfdruck arretieren. Die Konstrukteure hatten sich wirklich Gedanken gemacht und der neuen Corvette zur besseren Zugänglichkeit der Gepäckablage eine große, aufklappbare Heckscheibe (ähnlich der 82er Corvette)

Die neue Corvette von 1984 in Europaausführung, wie sie auf dem Genfer Automobilsalon im Herbst 1983 zu sehen war. Die Unterschiede zur US-Ausführung bestanden in klappbaren Außenspiegeln, einem Kilometer-Tacho, einem größeren Kennzeichenhalter am Heck sowie verschiedenen Leuchten und Emblemen. Mechanisch unterschieden sich die beiden Versionen nicht.

spendiert. Die Motorhaube war an den Seiten bis an die Radausschnitte heruntergezogen und gestattete in geöffnetem Zustand ungehinderten Zugang zu Motor und Aggregaten.

Das Styling der neuen Corvette stammte von Jerry Palmer, der bereits seit 1974 im „Chevrolet Studio Three“ arbeitete, bislang aber noch nicht mit einem Auftrag in dieser Größenordnung betraut worden war. Er hatte keine leichte Aufgabe, denn die Neugestaltung einer Corvette birgt ähnliche Schwierigkeiten wie die Kreation einer neuen Jaguar-Linie: Man soll zwar etwas Neues bringen, darf sich aber nicht zu weit vom Vorbild entfernen und muß gleichzeitig eine unverwechselbare Silhouette schaffen. Palmer hat seine Aufgabe mit Bravour gemeistert.

Um die traditionelle Corvette-Linie zu erhalten ging Palmer keine Kompromisse ein: „Der neue Wagen hat immer noch Klappscheinwerfer und trotz der breiten Nebel-, Blinker- und Begrenzungsleuchten an der Stelle, wo früher die Kühllufteinlässe waren, ein unverwechselbares „Corvette-Gesicht“. Außerdem sind da noch die Entlüftungsschlitze in den vorderen Kotflügeln, die große Heckscheibe und der integrierte Heckspoiler. Wer den Wagen zum ersten Mal sieht, erkennt in ihm sofort eine Corvette.“

Natürlich war eine Menge verändert worden. Der Betrachter glaubt kaum, daß die neue Corvette wirklich so viel kleiner geworden ist. Palmer dazu: „Die großen Karosserieflächen, zum Beispiel die Motorhaube, täuschen das Auge.“

Die 84er-Corvette nahm in der Designabteilung „Studio Three“ im GM Technical Center in Warren, Michigan, bereits 1978 klare Formen an, die Ursprünge der Entwicklung lassen sich sogar bis zum Vierscheiben-Wankel-Show-Car von 1972 zurückverfolgen. Da dieser Show-Car ja als Ideenträger gedacht war, experimentierte Palmers Team unter anderem mit Flügeltüren, einer entlang der Mittelachse „geknickten“ Windschutzscheibe und bislang nie gekannten Windkanal-Karosserieformen.

Nach der Absetzung des Wankelmotors erhielt der „4-Rotor“ 1978 ein

Bei dieser Silhouette verwundert es kaum, daß die neue Corvette mit einem cw-Wert von nur 0,34 aufwarten konnte. Das sorgsam abgestimmte Z51-Sportfahrwerk ermöglichte in Verbindung mit Reifen der Größe P255/50 VR-16 Querbeschleunigungswerte von bis zu 0,95 G.

konventionelles V8-Triebwerk und den Namen „Aerovette“. Obwohl Gerüchte die Runde machten, die Aerovette solle 1980 in Produktion gehen, brachten die unpraktischen Seiten der Studie (in der Hauptsache Windschutzscheibe und Türen) das Projekt zu Fall. Aber die zugrundeliegende Design-Philosophie war richtig, und somit ein Ansatzpunkt für die Entwicklung der 84er Corvette gegeben.

Die im Fahrzeugbau immer mehr an Bedeutung gewinnende Aerodynamik spielte bei der Gestaltung des neuen Modells eine größere Rolle als bei allen Corvette-Baureihen zuvor. Im Zuge der Windkanaltests wurde beispielsweise immer wieder der Luftdruck im Strömungswirbel hinter der Karosserie gemessen und mit dem Umgebungsluftdruck im Windkanal verglichen. Das Resultat war ein detailliertes Bild von den Auswirkungen verschiedener Formen auf das reale Strömungsverhalten des Wagens. Diese Methode war aufschlußreicher als die normale Strömungsanalyse mit Rauch oder Wollfäden, wenn auch ungleich aufwendiger. Die Corvette war der erste Sportwagen, der auf diese Weise Gestalt annahm.

Neben der Aerodynamik spielten auch rein praktische Gesichtspunkte eine große Rolle. „Wir wollten ein Fahrzeug schaffen, bei dem man absolut ungehinderten Zugang zu Motor und allen Aggregaten hat,“ sagte Palmer, „und außerdem sollte man ja schließlich auch die sonst versteckten Leckerbissen bewundern können, die „Cross-Fire“-Einspritzanlage, den Luftfilter, die Keilriemen, den Kühlerventilator und die wunderschönen Aluminium-Radaufhängungen — deshalb spendierten wir der Corvette die große Motorhaube.“ Dennoch mögen die optischen Genüsse bei der Gestaltung der seitlich weit heruntergezogenen Motorhaube eher zweitrangig gewesen sein, wichtig war in erster Linie der Zugang zum Motorraum. Aber eindrucksvoll sieht das freiliegende Kraftpaket schon aus!

Palmer ging so weit, daß er zur ästhetischen Gestaltung von Luftfilter, Ventildeckel und Luftleithaube eigens einen Designer abkommandierte, der auch gleich den Griff des Ölmeßstabes gestaltete. „Jedes Kabel und jede Leitung sollte sauber verlegt sein,“ erinnert sich Palmer, „wir haben stundenlang über die Farbe der Zündkabel diskutiert und sogar bei Delco nachgefragt, ob sie uns eine farblich harmonierende schwarz/graue Batterie bauen könnten!“ Natürlich stand bei allen Überlegungen die Funktion immer im Vordergrund. Das klingt zwar alles ziemlich verrückt — und sehr nach Detroit, aber warum soll ein Stück hochwertige Technik nicht zur Abwechslung einmal schön verpackt sein?

Das Cockpit der neuen Corvette erhielt ein an der Oberseite flaches Armaturenbrett und übersichtlich angeordnete Bedienungselemente. Das elektronische Kombiinstrument sollte alle Informationen auf einen Blick bieten, so daß die digitalen Anzeigen von Tachometer und Drehzahlmesser durch zwei analoge Flüssigkeitskristall-Balkeninstrumente ergänzt wurden,

Das 85er Modell präsentierte sich optisch nur wenig verändert, doch die „Tuned Port"-Einspritzanlage entlockte dem V8-Motor zusätzliche 10 PS und weitere 53 Nm Drehmoment.

die wie die Kraftstoffanzeige auch bei flüchtigem Hinsehen die gewünschte Information gaben. Andere wichtige Anzeigeinstrumente waren zusätzlich mit Warnleuchten versehen.

Palmer gab zu, daß die Designer zum ersten Mal seit geraumer Zeit „weniger Wert auf den Effekt legten und sich stattdessen auf die Grundwerte Funktion, Übersichtlichkeit und Bedienungsfreundlichkeit konzentrierten. Ich glaube, daß diese Haltung bei der neuen Corvette sehr deutlich wird . . . und dadurch wird sie auch in fünf oder zehn Jahren noch attraktiv sein. Wir sind bei der Konstruktion keine Kompromisse eingegangen."

Im Vergleich zu den Designern hatten die Techniker mit der neuen Corvette nicht viel Arbeit, da beispielsweise die wesentlichen Bauteile des Antriebsstrangs bereits im 82er Modell ihre Feuertaufe bestanden hatten. Dennoch wurde an allen Ecken und Enden weiterentwickelt. Das 84er Modell hatte zum Beispiel eine völlig neue Glas-Heckklappe und ein durchgehendes Targadach anstelle des zweiteiligen „T-Roof" von 1982. Mit der Breite der Karosserie war auch die Spurweite vorn und hinten gewachsen, innen gab es mehr Kopf- und Beinfreiheit und stolze 160 mm mehr Platz in Schulterhöhe. Der neue „Kofferraum" faßte knapp einen halben Kubikmeter Gepäck. Trotzdem war das Fahrzeuggewicht auf 1415 kg gesunken, wodurch das 84er Modell einen EPA-Normverbrauch von 14,1 l/100 km (Stadtverkehr), 8,0 l/100 km (Highway) und im Mittel 11,3 l/100 km erreichte (das 82er Modell hatte noch 15,0, 8,7 und 12,0 l/100 km verbraucht).

Als Antriebswelle diente nach wie vor der 9:1 verdichtete, 205 PS starke 5,7-Liter-V8 mit Cross-Fire-Kraftstoffeinspritzung und elektronischer Zündzeitpunktüberwachung. Als maximales Drehmoment lagen bereits bei 2800 U/min 387 Nm an. Motor und Antriebsstrang wurden über einen Aluminium-Tunnel mit dem Differential zu einer Einheit verbunden, was

Auch aus diesem Blickwinkel ist die Corvette von 1985 nicht von ihrer Vorgängerin zu unterscheiden. Der Preis war mittlerweile empfindlich erhöht worden und die Verkaufszahlen auf 39.729 Einheiten zurückgegangen.

neben gewisser Gewichtsvorteile durch den Wegfall sperriger Querträger auch mehr Platz im Innenraum brachte. Es gab wieder ein Viergang-Schaltgetriebe mit elektronisch gesteuertem Overdrive, der zu den drei oberen Fahrstufen zugeschaltet werden konnte. Eine eigene Computereinheit errechnete aus verschiedenen Motor-Meßdaten die günstigsten Bedingungen für den Overdrive-Betrieb und schaltete ihn zum schnelleren Beschleunigen gegebenenfalls automatisch aus. Der 0,67:1 übersetzte Planetenradsatz reduzierte die Endübersetzungen im zweiten Gang auf 1,28:1, im dritten auf 0,89:1 und im vierten Gang auf 0,67:1. Die reguläre vierte Fahrstufe war als direkter Gang 1:1 übersetzt.

Die Motor-Nebenaggregate profitierten von der Entwicklung neuer Materialien. Als treibende Kraft diente ein Keilriemen aus einem neuen Werkstoff, der nicht nur langlebiger war als die bisher verwendeten, sondern gleichzeitig auch weniger Kraft schluckte. Das Kühlsystem war kompakter und leichter geworden, der thermostatgesteuerte, elektrisch betriebene Lüfter war direkt in der Luftleithaube montiert und ein ausgeklügeltes Be- und Entlüftungssystem hielt die Temperaturen unter der Motorhaube in Grenzen. Separate, unterdruckbetätigte Klappen im Ansaugtrakt regelten den Luftdurchsatz und eine Ansaugluft-Vorwärmung verbesserte die Kaltlauf- und Winterbetriebseigenschaften. Die neuen Auspuffkrümmer aus rostfreiem Stahl hatte man perfekt auf den so veränderten Gashaushalt abgestimmt.

Völlig neu war das skelettartige Chassis der Corvette, eine ausgeklügelte Kombination aus umlaufendem Rahmen und integrierter Fahrgastzelle mit Verstärkungen aus extrem leichtem Spezialstahl an den neuralgischen Punkten. Dach, Türrahmen, Motorspritzwand und verschiedene Bodenbleche wurden mit dem „Skelett" verklebt und das Ganze anschließend galvanisiert und lackiert. Ein am Heck angeschraubter Aluminium-Hilfsrahmen trug den hinteren Stoßfänger, der ebenfalls angeschraubte Fahrschemel der vorderen Radaufhängung war aluminiumbedampft und lackiert. Die Stoßfänger-Formteile vorn und hinten waren zum leichteren Austausch im Schadensfall mit den Rahmenauslegern verschraubt.

Das neue, abnehmbare Dach war an vier Punkten mit dem Überrollbügel und der Windschutzscheibe verbunden. Die Oberfläche der Fiberglas-Karosserie wurde in einem neuen Verfahren während des Formvorgangs mit einer Polyurethankomponente beschichtet und dadurch ungewöhnlich glatt. Die Experten waren sich darüber einig, daß dies die bislang beste Corvette-Karosserie war — und gleichzeitig die sauberste Art, Fiberglas zu verarbeiten.

Einen weiteren technischen Fortschritt stellte die Verwendung vieler Aluminiumteile in der Radaufhängung dar. Die bereits von den Vorgängermodellen bekannten Doppelquerlenker der Vorderachse waren nun samt Achsschenkel aus geschmiedetem Aluminium. Wie 1982 ersetzten leichte, quer eingebaute Blattfedern aus fiberglasverstärktem Verbundwerkstoff die konventionellen Schraubenfedern, die Lagerbüchsen des vorderen Querstabilisators bestanden aus verschleißfesten Material. Die neue Fünfgelenk-Hinterachse bestand ebenfalls fast völlig aus Aluminium, wenn man die Corvette mit elektrischer Sitzverstellung oder dem Fahrwerk-Sportpaket bestellte, waren sogar die Antriebs- und Achswellen aus dem Leichtmetall gefertigt. Serienmäßig waren 15-Zoll-Leichtmetallräder und Vierrad-Scheibenbremsanlage mit Semi-Metall-Bremsklötzen montiert, auf Wunsch gab es auch 16-Zoll-Räder.

Die Räder der Corvette hatten zur besseren Kühlung der Bremsscheiben übrigens schaufelförmig gebogene Speichen, so daß für beide Fahrzeugseiten unterschiedliche Räder notwendig waren. Da in Verbindung mit dem Sportfahrwerk-Paket die Felgen der hinteren Räder einen Zoll breiter waren als die vorderen, konnten sie in diesem Fall überhaupt nicht mehr untereinander ausgetauscht werden.

Die Fahrleistungen konnten sich sehen lassen: Eine 84er Corvette mit Z51-Fahrwerkskit und Automatikgetriebe beschleunigte in knapp 7 Sekunden von 0 auf 100 km/h und erreichte nach 16 Sekunden am Ende der Viertelmeilenstrecke fast 145 km/h. Dabei verdienen die Handlingeigenschaften höchstes Lob, auch jenseits der 160-km/h-Marke blieb die Corvette stets gut beherrschbar. Die Lenkung arbeitete leichtgängig und präzise, die Fahrwerksabstimmung wurde allen Geschwindigkeiten gerecht.

Soweit die Schokoladenseiten der neuen Generation, doch auch drei unerfreuliche Punkte sollen an dieser Stelle nicht verschwiegen werden: Das harte Fahrwerk, der hohe Geräuschpegel im Innenraum und der gewaltige Benzindurst der Corvette von 1984. Die offiziellen Verbrauchszahlen sind nämlich errechnete Laborwerte und halten einem Vergleich mit der Praxis kaum stand. Um mit einer neuen Corvette auf einen Verbrauch von 14 Litern auf 100 Kilometer zu kommen muß man nämlich das Gaspedal wie ein rohes Ei behandeln — oder eben mit beschaulichen 88 km/h über schnurgerade, ebene Highways zuckeln, was selbst in den USA nur noch die wenigsten tun!

Die Corvette verkaufte sich 1984 51.547 mal, was die Herren der GM-Vorstandsetage natürlich freute. Doch bereits 1985 waren die Verkaufszahlen auf 39.729 Einheiten gefallen und 1986 fanden nur noch 35.109 Corvette einen Käufer. Doch diese Entwicklung läßt sich wohl eher auf die explodierenden Preise zurückführen, denn schlechter wurde die Corvette ja nicht. Im Gegenteil, jedes neue Modelljahr konnte mit einer Fülle sinnvoller und durchdachter Verbesserungen aufwarten. Für die Chevrolet-Division war der Einbruch der Verkaufszahlen dennoch ein Schock, schließlich sollte die neue Corvette noch das Jahr 2000 erleben. Die Chancen hierfür stehen mittlerweile allerdings schlecht.

Rein äußerlich hatte sich die 85er-Corvette kaum verändert. Lediglich

Für das äußerlich immer noch kaum veränderte Coupé von 1986 wurde kein Sportfahrwerk-Kit mehr angeboten. Die Preise für gebrauchte Coupés der Baujahre 1984 bis 1986 richten sich in erster Linie nach dem Zustand des Fahrzeugs.

die geraden Auspuff-Endrohre und der Schriftzug „TUNED PORT INDUCTION" (statt „CROSS-FIRE INJECTION") auf den Kotflügeln weist auf die erste Modellpflege hin. Der Schriftzug stand für einen zehnprozentigen Leistungszuwachs gegenüber dem Vorjahresmodell auf nun 230 PS und ein maximales Drehmoment von nun 440 Nm (vorher 387 Nm). Gleichzeitig wurde eine Senkung des Verbrauchs um 11 % angegeben. Der Leistungszuwachs des neuen Triebwerks (L98) machte sich eher am oberen Ende des Drehzahlbandes bemerkbar und half der Corvette endlich über die 240-km/h-Schwelle.

Der kastenförmige Ansaugluftsammler von 1984 war einer länglichen Kammer gewichen, von der acht Aluminium-Krümmer zu den Einlaßkanälen führten. Die Luft wurde nun vor dem Kühler angesaugt, der Durchsatz mittels eines Bosch-Hitzedraht-Luftmengenmessers errechnet, die einströmende Luft im Sammlergehäuse beruhigt und von dort durch die acht Krümmer und die Einlaßkanäle den einzelnen Brennräumen zugeführt. Der Ausdruck „Tuned Port Injection" („Einspritzung in genau abgestimmte Kanäle") umschreibt die sorgfältige Gestaltung der Einlaßkanäle, die durch geschickte Verdichtung der angesaugten Luft eine durchsatzfördernde Resonanzschwingung im Gleichtakt mit den Einlaßventilen begünstigen. Durch diese „schwingende Luftsäule" erhöht sich der Füllungsgrad der einzelnen Zylinder vor allem bei niedrigen Drehzahlen, was dem Drehmomentverlauf natürlich zugute kommt. Einen ähnlichen Effekt erzielen lange Ansaugtrichter, wie sie an vielen Rennmotoren zu sehen sind.

Bei der „Tuned Port Injection" befinden sich die Einspritzventile in der

Die großen Glasflächen zählen zu den teuersten Ersatzteilen. Die noch vom 82er Modell bekannte, aufklappbare Heckscheibe ist überaus praktisch.

Grundplatte der Ansaugspinne. Ein Computer berechnet für jeden Ansaugtakt anhand des Luftmengenmesser-Signals die individuelle Einspritzzeit. Alle 85er Modelle hatten außerdem ein verbessertes Kühlsystem mit Spezialkühler, größerem Lüfterrad und einem 1,2-bar-Kühlerverschluß.

Das auch 1985 angebotene Z51-Fahrwerkspaket enthielt nun $9^1/_2$ Zoll breite Felgen rundum, Delco-Bilstein-Stoßdämpfer und das oben beschriebene Kühlsystem. Die Federraten beider Fahrwerksvarianten (Standard und Z51) wurden zur Verbesserung des Fahrkomforts verringert und die Stabilisatoren verstärkt.

Weitere Detailverbesserungen umfaßten einen neuen Hauptbremszylinder mit größerem Bremskraftverstärker, übrigens dem ersten Kunststoff-Bremskraftverstärker, der je in einem amerikanischen Automobil verwendet wurde. Die Schaltgetriebe-Versionen erhielten ein neues Differential mit 216 mm großem Tellerrad. Den früher geäußerten Beschwerden über die schlechte Ablesbarkeit der Instrumente begegnete man mit einem neuen

Die eindrucksvolle, 1986 wieder eingeführte Roadster-Version war die erste offene Corvette seit 1975 und verkaufte sich in ihrem Erscheinungsjahr 7.264 mal. Karosserie und Chassis wurden zur Erhaltung der Stabilität entsprechend verstärkt.

Ein 86er Corvette-Roadster in voller Fahrt. Gut zu sehen die elegante Lösung des Verdeckproblems durch die große Klappe hinter den Sitzen. Man beachte die enorme Neigung der Windschutzscheibe.

Über das Chevrolet-Händlernetz werden auch Corvette-Umbauten auf Doppel-Turbolader vertrieben, die bei der Firma Callaway Cars in Old Lyme, Connecticut, unter der Leitung von Motorenspezialist Reeves Callaway aufgebaut werden. Die normale Callaway-Corvette (rechts im Bild) bot mit einem Verkaufspreis von 58 000 $ 1987 wohl das beste „Preis-/Leistungsverhältnis". Bei einem von der amerikanischen Automobilzeitschrift „Car and Driver" im Sommer 1987 durchgeführten Test auf dem Versuchsgelände des „Transportation Research Centre" in Ohio erreichte eine nur leicht getunte Callaway-Corvette (400 PS statt 382 PS) eine Höchstgeschwindigkeit von 308,4 km/h! Der weiße Wagen links im Bild ist der Callaway „Top Gun" mit 712 PS Leistung. Bei Rekordversuchen in den internationalen Klassen C und D erreichte diese Corvette eine Durchschnittsgeschwindigkeit von 357,8 km/h.

An der Straßenlage, lange Zeit die Achillesferse der Corvette, gibt es bei der neuen Generation nichts auszusetzen. Nach Meinung des Autors kommen die zwischen 1984 und 1986 gebauten Modelle auch ohne den Z51-Fahrwerkskit aus.

Kombiinstrument mit dickeren Balkenanzeigen. Später im Jahr wurden lederbezogene Sportsitze und eine neue Klimaanlage mit automatischer Temperaturregulierung in die Aufpreisliste aufgenommen.

Wenn Sie die Wahl haben verzichten Sie lieber auf diese neue Klimaanlage. Bei einem Wagen mit so kleinem Innenraum wie die Corvette arbeitet sich die Anlage förmlich zu Tode, indem sie ständig aufheizt, abkühlt, wieder aufheizt und wieder abkühlt. Durch die Verwendung von Thermoglas im Targadach hielt sich die Aufheizung des Innenraums ohnehin in Grenzen.

Das schönste Ereignis im Modelljahr 1986 war natürlich die Wiedereinführung der Cabrioletversion — der ersten offenen Corvette seit nunmehr 11 Jahren! Angesichts der zunehmenden Popularität offener Wagen konnte es sich Chevrolet einfach nicht mehr leisten, kein Cabrio im Corvette-Programm zu haben. Außerdem war mehr als ein Viertel der über 800 000 seit 1953 produzierten Corvette als Cabriolets vom Band gerollt!

Die Produktion des von Chevrolet fälschlicherweise „Roadster" genannten Corvette-Cabriolets begann Mitte Januar 1986 im einzigen Corvette-Werk in Bowling Green, Kentucky, und die ersten Wagen standen bereits im Februar bei den Händlern. Um die Rückkehr der Frischluft-Corvette gebührend zu feiern stellte Chevrolet für das am 25. Mai stattfindende 500-Meilen-Rennen in Indianapolis einen knallgelben Roadster als Pace-Car zur Verfügung. „Ich kann mir keine größere Ehre für die neueste Corvette vorstellen, als sie direkt vom Montageband auf die berühmteste Rennstrecke der Welt zu schicken", sagte Chevrolet-Generaldirektor Robert Burger (mit verständlicher Begeisterung - ich war eigentlich der Meinung, Le Mans sei die berühmteste Rennstrecke der Welt . . .).

Der Corvette-Roadster von 1986 ist offensichtlich die sammelns- und erhaltenswerteste Corvette der neuen Baureihe nach 1982, verfügt sie doch über alle Attribute, die einem Sammler das Wasser im Munde zusammenlaufen lassen: Sehr niedrige Produktionszahlen, historische Bedeutung und die durch nichts zu ersetzende offene Karosserie. Außerdem unterschied sie sich auch unter dem Blech deutlich von ihren Coupé-Schwestern. Der „Tuned-Port"-V8 entwickelte zwar nominell die gleiche Leistung bei gleichem Drehmoment, doch die Roadster-Maschine verfügte über spezielle Leichtmetall-Zylinderköpfe mit von 9,0:1 auf 9,5:1 angehobener Verdichtung und brachte rund 20 kg weniger Gewicht auf die Waage.

Die offene Corvette wurde serienmäßig mit Viergang-Automatikgetriebe und automatischem Overdrive ausgeliefert. Auf Wunsch gab es ohne Aufpreis auch das Viergang-Schaltgetriebe, das dem schaltfreudigen Fahrer insgesamt sieben verschiedene Fahrstufen bot.

Das Cabriolet wurde 1987 in über 10 000 Exemplaren gebaut, einer seit 1969 nicht mehr erreichten Zahl. Die Cabriolets machen mittlerweile wieder ein Drittel der Corvette-Produktion aus. Auch das hat es seit 1972 nicht mehr gegeben.

Alle 86er Modelle verfügten über eine Vierrad-Scheibenbremsanlage mit integriertem „Bosch ABS II"-Antiblockiersystem. Diese Revolution auf dem Bremsensektor, vergleichbar höchstens mit der Erfindung der hydraulischen Bremsbetätigung in den zwanziger Jahren, „entmachtet" den Bremsfuß des Fahrers und überläßt die Bestimmung der maximalen Verzögerung einer ausgeklügelten Elektronik, die ein Blockieren der Räder verhindert. Auf diese Weise wird die Reifenhaftfähigkeit beim Bremsen voll ausgenutzt, aber nicht überschritten. Zusätzlich erhielt das 86er Modell Goodyear-„Eagle"-Stahlgürtelreifen der Dimension P255/50 VR-16 auf vier $8^1/_2$ Zoll breiten Leichtmetallfelgen.

Der Cabrio-Umbau des bereits bestehenden Coupés gestaltete sich relativ einfach. Das Dach war schnell abgeschraubt, doch mußten zur Erhaltung der Verwindungssteifheit im Chassis zusätzliche Verstärkungen eingezogen werden. Diese Verstärkungen betrafen den vorderen Querträger und seine Auflagepunkte an den Längsträgern, die Lenksäule samt Halterungen und den vorderen Getriebetunnel. Hinter den Sitzen wurde ein Querträger, in der Fahrzeugmitte ein Stützkreuz eingeschweißt. Die Innenraum-Rückwand wurde aus doppelwandigem Blech gefertigt und die Türschlösser zur Aufnahme eventueller Durchhanglasten verstärkt.

Am Ende erwies sich die Cabriolet-Karosserie sogar als verwindungssteifer als das Coupé! „Auf die Frage, ob ähnliche Verstärkungen auch in absehbarer Zeit für das Coupé zu erwarten seien, antwortete Karosseriebauingenieur Bill Weaver mit einem vielsagenden Lächeln", schrieb das Magazin „Road & Track", und tatsächlich erhielt das Coupé 1987 ebenfalls solche Verstärkungen und die lästigen Knarr- und Rattergeräusche der Karoserie gehörten der Vergangenheit an.

Das Verdeck der Corvette verschwand traditionell unter einer Abdekkung hinter den Sitzen und mußte von Hand geöffnet und geschlossen werden — ein (kostengünstiges) Relikt aus vergangenen Tagen. „Das Verdeck ist ein Muster an Bedienungsfreundlichkeit," argumentierte Chevrolet, „In drei Schritten in Sekundenschnelle zu öffnen. Zwei Hebel am Windschutzscheibenrahmen halten die Schließleiste. Zur Entriegelung dieser Leiste dreht man die Hebel nach außen. Mit demselben gelben Knopf, mit dem man beim Corvette-Coupé die Heckklappe entriegelt, öffnet man beim Roadster den Fiberglasdeckel hinter den Sitzen. Einmal drücken und die Arretierung löst sich, noch einmal drücken und der Deckel klappt auf". Das Verdeck ließ sich samt eingesetzter Heckscheibe und Velours-Innenverkleidung bequem in dem unter der Klappe verborgenen Staufach unterbringen.

Eine andere wichtige Änderung für den Jahrgang 1986 soll dem Sammler an dieser Stelle nicht verschwiegen werden: Der Sport-Fahrwerkskit „Z51" war aus der Aufpreisliste verschwunden. Manche Zeitgenossen waren darüber zwar ziemlich verärgert, doch ich bin der Meinung, daß die neue Corvette auch ganz gut ohne dieses Sportpaket auskam. Der Fahrwerkskit verbesserte die Handlingeigenschaften ohnehin nur wenig, und das auf Kosten des Fahrer-Hinterteils! Die 86er Corvette brauchte kein Sportfahrwerk-Paket und eine der angenehmen Nebenerscheinungen der Streichung besteht meiner Meinung nach darin, daß man bei einer 86er Corvette nicht befürchten muß, daß sie mit dem „Plombenzieher"-Sportfahrwerk ausgerüstet sein könnte!

Ein Wermutstropfen bleibt dem Corvette-Liebhaber jedoch nicht erspart: Trotz der relativ bescheidenen Umbauten kostete die Roadster-Version 1986 stolze 3000 $ mehr als das Coupé! Da der Wiederverkaufswert der jüngsten Corvette-Modelle in den wenigen Jahren Produktionszeit noch nicht sehr gefallen ist, muß man für eine offene Corvette deutlich tiefer in die Tasche greifen als für ein Coupé. Wer mit dem Gedanken spielt, mit einem heute gekauften Corvette-Cabriolet in zwei- bis drei Jahren ein schnelles Geschäft zu machen, sollte sich die Sache noch einmal gut überlegen. Chevrolet hat die Roadster-Produktionszahlen seit 1986 nämlich deutlich gesteigert, und so lange das Cabriolet noch gebaut wird läßt sich sein Seltenheitswert noch nicht abschließend festlegen.

Wenn wir schon bei den objektiven Werten sind, will ich darauf hinweisen, daß die 87/88er Modelle in jedem Fall der bessere Kauf sind. Diese Modelle werden zwar erheblich teurer gehandelt als die 84-86er, entschädigen den Besitzer aber durch ihre bereits angesprochenen Vorzüge.

Äußerlich läßt sich die 87er Corvette nicht von der 86er unterscheiden, auch die „Elizabeth-Dole-Leuchte" sitzt an derselben Stelle (Ich nenne die hochgelegte Bremsleuchte frecherweise nach ihrer „Erfinderin", der amerikanischen Verkehrsministerin Elizabeth Dole. Es handelt sich dabei um eine zentrale, rechteckige Zusatzbremsleuchte, die in den USA für alle nach 1985 gebauten Personenwagen vorgeschrieben ist. Sicher wird dadurch die Gefahr eines Auffahrunfalls verringert, doch sehr wahrscheinlich nur, bis sich alle an die neue Leuchte gewöhnt haben und sie dann wie die beiden regulären Bremsleuchten geflissentlich übersehen werden!).

Die wichtigen Änderungen für den 87er Jahrgang fanden sich wieder einmal unter der Kunststoffhaut. Der 5,7-Liter-„TPI"-V8 hatte verschleißmindernde Hydro-Stößel und nadelgelagerte Kipphebel erhalten. Die Auswirkungen auf Leistung und Verbrauch waren zwar verschwindend gering, doch das Triebwerk glänzte durch mechanisch leiseren Lauf. Außerdem dürfte sich die Verwendung dieser Bauteile positiv auf die Lebensdauer des Motors auswirken.

Noch ein Pluspunkt: Das neue Sport-Fahrwerkspaket RPO Z52 (nur für Coupés) war dem Z51-Kit in jeder Hinsicht überlegen, denn es umfaßte neben einem 13:1 übersetzten Lenkgetriebe, $9^1/_2$-Zoll-Felgen und einer 3,07:1 übersetzten Hinterachse Bilstein-Dämpfer im Serienfahrwerk.

Eine wohl nur für den Langstreckenfahrer lohnende (weil 325 $ teure) Neuheit für 1987 war das verblüffende Reifenluftdruck-Warnsystem. An

Ein Pressefoto: Auf der Bremsen-Prüfstrecke im GM-Testgelände in der Mesa-Wüste in Arizona befindet sich eine aus 33 000 Blaubasalt-Pflastersteinen bestehende Rutschbahn mit Sprinkleranlage.

Die wichtigste Neuheit für 1987 war wohl der überarbeitete V8-Motor mit nadelgelagerten Kipphebeln, die nicht nur mechanisch deutlich leiser waren, sondern auch den Verschleiß an der Nockenwelle verringerten.

Das 1987er Coupé läßt sich nur an den neuen Felgen (ohne gekreuzte Flaggen) und dem Spoiler unter der Schnauze vom 84er Ur-Modell unterscheiden. Für ein Unternehmen wie GM, das noch vor wenigen Jahren für seine raschen Modellwechsel bekannt war, eigentlich recht bemerkenswert.

der Innenseite jedes Reifens waren winzige Elektronikmodule angebracht, die außer hermetisch dichten Drucksensoren und einem Sender auch einen kleinen Kreiselgenerator beherbergten. Dieser Generator setzte die Drehenergie des Rades in elektrische Energie um und versorgte so Sender und Sensoren — ohne Kabel, ohne Batterie, ohne Anschlüsse und völlig wartungsfrei. Eine komplette Einheit wog nur knapp 900 g, was durch entsprechende Gegengewichte ausgeglichen wurde. Wenn nun der Reifendruck um mehr als 0,07 bar unter einen vorher festgelegten Wert fiel, aktivierte der Sender eine Warnleuchte im Armaturenbrett, die übrigens auch aufleuchtete, wenn eines der Elektronikmodule im Rad defekt wurde.

Gegen Aufpreis gab es 1987 auch für den Beifahrer einen in sechs Richtungen elektrisch verstellbaren Sitz und für den Fahrer einen beleuchteten Schminkspiegel in der Sonnenblende. Die Overdrive-Anzeigeleuchte wanderte unter den Drehzahlmesser, die Ladekontrolleuchte in die Mittelkonsole. Als Kraftübertragung standen nach wie vor die Viergang-Automatik und das „4+3 Overdrive"-Schaltgetriebe zur Wahl. Die Corvette galt lange Zeit als das „meistgestohlene" Auto in den USA, weshalb die einzelnen Corvette des Jahrgangs 1987 erstmals individuelle Schlüssel und Schlösser erhielten. Eine Automobilzeitschrift ging sogar so weit, diesen an sich lobenswerten Initiativen einen gewissen gegenteiligen Effekt zuzusprechen: Diebe fühlten sich durch die ständig verbesserten Diebstahlsicherungen angeblich herausgefordert!

Die Evolution der Corvette erreichte 1988 einen neuen Höhepunkt: Das 88er Modell war die stärkste Corvette der neuen Generation, durch ZR-Reifen die handlichste und dank ABS auch die sicherste. Durch den Leistungszuwachs von 240 auf 245 PS war die Leistung seit 1984 bei gleichgebliebenem Kraftstoffverbrauch um fast 20 % gestiegen.

Auch das 88er Modell war von seinen Vorgängern nicht zu unterscheiden — mit Ausnahme der mit $9^1/_2 \times 17$" großen Rädern und Goodyear „Eagle" (Kit Nr. RPO QA1) ausgerüsteten Fahrzeuge. Der Lenkrollradius der Vorderradaufhängung war zur Milderung der auf nassem oder glattem Untergrund oft verhängnisvollen Einflüsse schiefziehender Bremsen auf Null verringert worden.

Zur neuesten Corvette-Generation kann abschließend gesagt werden, daß sie, objektiv betrachtet, mit Sicherheit die beste jemals gebaute Serie darstellt. Die neue Corvette darf ohne Übertreibung zu den besten zweisitzi-

Die beiden Corvette-Modelle für 1987.

Die dickeren Speichen der Leichtmetallräder lassen die 88er Corvette etwas gedrungener erscheinen. Nicht ganz so offensichtlich sind die neue Fünfgelenk-Hinterachse und das verbesserte Bremssystem.

Diese Aufnahme zeigt den wirklich außergewöhnlich gut zugänglichen Motorraum der neuen Corvette-Generation. Hier ein 88er Modell.

Das 1988er Coupé ist die schnellste Corvette der neuen Serie. Der 245 PS starke „Tuned Port Injection"-V8-Motor beschleunigt den Wagen in knapp 5 Sekunden von 0 auf 100 km/h. 25 000 Coupés waren als Jahresproduktion für 1988 geplant. Durch den auf Null verkleinerten Lenkrollradius in der Vorderachsgeometrie bleibt die jüngste Corvette beim Bremsen besser beherrschbar.

gen Sportwagen der Welt gezählt werden und nur wenige können es abseits der öffentlichen Straßen mit ihr aufnehmen, wo wirklich hart am Limit gefahren wird. „Der Tag könnte kommen, an dem das Auftauchen einer Corvette im Rückspiegel eines auf der Überholspur fahrenden Wagens automatisch eine Flucht auf den sicheren rechten Fahrstreifen zur Folge hat," schrieb kürzlich „Road & Track", und „wenn das geschieht, hat sie es geschafft!"

Trotz der etwas hinter den Erwartungen zurückgebliebenen Verkaufszahlen wird der Evolutionsprozeß wohl noch ein paar Jahre anhalten, denn GM steckt in einer Krise, vielleicht der schlimmsten seit den dreißiger Jahren, und kann sich derzeit kaum um eine Neuentwicklung kümmern. Mit dem Aufstieg in die obere Preisklasse ist ein ständiger Modellwettlauf auch nicht mehr unbedingt geboten. Die Statistik belegt, daß der typische amerikanische Corvette-Käufer heute über ein durchschnittliches Jahreseinkommen von über 70 000 $ verfügt (früher 42 000 $) und mehr als die Hälfte aller Corvette-Fahrer sogar über 80 000 $ (früher 50 000 $) jährlich verdient. Das Durchschnittsalter des Corvette-Besitzers stieg dabei von 35 Jahren (1982) auf mittlerweile 40 Jahre. Cirka ein Drittel aller Corvette-Fahrer sind leitende Angestellte, Freiberufler und Manager, Anwälte und Richter stellen gut 12 Prozent der Käufer. Dieser Imagewandel bringt natürlich einen völlig neuen Konkurrentenkreis mit sich, so daß sich die Corvette heute gegen so erlauchte Import-Marken wie Lamborghini, Ferrari und Jaguar behaupten muß!

Der nächste große Schritt in der Corvette-Evolution wird wohl der Vierradantrieb sein. Die „Corvette Indy", das neueste GM-Experimentalfahrzeug mit Doppel-Turbolader und Mittelmotor, verfügt bereits über dieses Antriebsprinzip und kann sogar mit einer Vierradlenkung aufwarten. Weitere High-Tech-Leckerbissen sind ein eigenes Antiblockiersystem, eine Antriebsschlupfregelung und ein „denkendes" Fahrwerk. Die „Indy" wurde erstmals auf der Detroiter Automobilausstellung im Januar 1986 gezeigt und ist in der Corvette-Show-Car-Geschichte die direkte Nachfolgerin der „Aerovette" von 1977.

Den Namen „Indy" erhielt die Studie vom Motor, einem modifizierten Doppelnockenwellen-„Indianapolis"-V8 von Chevrolet, einst für die Rennsaison 1986 konstruiert. Der Hubraum des ursprünglich für den Betrieb mit einer Alkohol-Benzin-Mischung gedachten 32-Ventilers beträgt 2650 ccm. Zwei Turbolader mit zwei Ladeluftkühlern versorgen den mit einer Einzeleinspritzung versehenen Motor mit ausreichend Verbrennungsluft.

Ein weiteres Versuchsfeld bietet die „Corvette Indy" der Fahrzeugelektronik. Anstelle eines gewöhnlichen Rückspiegels überträgt eine Kathodenstrahlröhre das Bild einer nach hinten gerichteten Kamera an das Armaturenbrett. Zwei weitere solche Röhren, eine pro Tür, informieren den Fahrer auf Knopfdruck über dynamische Fahrwerte, Navigation und Motor-Betriebszustand. Ebenfalls in den Türen befinden sich die verschiedenen Bedienungselemente von Heizung, Lüftung und anderen fernbetätigten Funktionen.

Beide Sitze sind in eine Kevlar-Wanne eingebettet, wie überhaupt zahlreiche Teile der „Corvette Indy“ wabenförmig strukturiert („Honeycomb“-Bauweise) aus diesem hochfesten Material gefertigt sind.

Die lenkbare Hinterachse verbessert das Kurvenverhalten bei niedrigen Geschwindigkeiten und erleichtert das Rangieren auf engstem Raum. Die zur Richtungsänderung notwendigen Lenkausschläge der Vorderräder werden verkleinert, was die Gestaltung schmalerer, im Fußraum wenig Platz beanspruchender Radhäuser ermöglicht — ein nicht zu unterschätzender Vorteil vor allem bei kleinen Fahrzeugen. Zusätzlich soll die Hinterachslenkung auch einen Handlingvorteil bei höheren Geschwindigkeiten bieten. Bei der „Corvette Indy“ wird diese „Zusatz“-Lenkung von einem Mikroprozessor gesteuert.

Wie in der Luftfahrt wurden auch bei diesem Versuchsfahrzeug viele mechanische und hydraulische Übertragungselemente durch elektronische Übertragungssysteme ersetzt. Die Stellung des Gaspedals wird beispielsweise von einem Fühler ermittelt und als elektronisches Signal an das Rechenzentrum des „Indy“ geschickt, das wiederum auf elektronischem Weg einen Stellmotor an der Drosselklappe ansteuert. Im Rechnermodul, dem „Total Wheel Control System“, werden natürlich vor der Weitergabe eines Befehls die verschiedensten Parameter berücksichtigt. So sorgt die automatische Antriebsschlupfregelung dafür, daß die Antriebsräder nicht unbeabsichtigterweise durchdrehen und das ABS dafür, daß die gebremsten Räder nicht blockieren. In beiden Fällen sind es ein und dieselben Sensoren, die den Computer über abweichende Werte eines einzelnen Rades informieren, woraufhin dieser die nötigen Gegenmaßnahmen einleitet.

Ein weiteres Aufgabengebiet des „Total Wheel Control System“ ist das „denkende“ Fahrwerk, das ohne konventionelle Federn, Dämpfer und Stabilisatoren auskommt. Das Ansprechverhalten der Radaufhängung wird elektronisch blitzschnell den jeweils neuen Gegebenheiten optimal angepaßt. Eine superschnelle Hydraulik und eine „Standleitung“ zum TWCS-Computer ermöglichen eine individuelle Straffung oder Lockerung der einzelnen Feder-/Dämpferelemente beim Überfahren von Unebenheiten oder bei scharfer Kurvenfahrt.

Bereits 1986 wurden serienmäßige Corvette versuchsweise mit diesem „denkenden“ Fahrwerk ausgerüstet, und die Entwicklungsarbeiten gehen weiter. Die „Corvette Indy“ ist in ihrer jetzigen Form zwar nicht für eine eventuelle Produktion gedacht, doch ihre Aufgabe besteht schließlich in der Sondierung technischer Möglichkeiten für die Zukunft. „Sie ermutigt“, wie Chevrolet-Chefingenieur Don Runkle es ausdrückte, „uns zum Träumen und hilft uns, die Grenzen des Automobilbaus ein wenig zu verschieben“.

Die Entwicklungsschwerpunkte für die Serien-Corvette der Jahrgänge 1989 und 1990 liegen in der Verbesserung der Aerodynamik und der Gewichtsreduzierung durch die Verwendung leichterer Materialien. Neu ist

Die Digitalanzeigen im Cockpit der neuen Corvette, sicher nicht jedermanns Geschmack, sind recht übersichtlich gestaltet, auch sämtliche Hebeleien liegen gut zur Hand. Lediglich die Bedienungselemente für Heizung, Lüftung und Klimaanlage liegen zu tief.

Weniger als Vorgeschmack auf kommende Corvette-Generationen gedacht dient die „Corvette Indy" der Sondierung neuer Technologien im Fahrzeugbau. Die Co-Produktion von Lotus und der italienischen Firma Cecomp ist mit technischen Leckerbissen wie Vierradantrieb, Vierradlenkung, „denkendem" Fahrwerk, ABS, Monocoque-Chassis aus Kevlar-/Carbonfaser-„Honeycomb"-Strukturen, vollelektronischen Anzeigen und elektronischen Übertragungselementen ausgerüstet. Der in der Fahrzeugmitte montierte Chevrolet-„Indianapolis"-V8 war ursprünglich für den Rennsport gedacht und schöpft dank Doppel-Turbolader aus nur 2650 ccm an die 600 PS. Dieses „rollende Versuchslabor" war 1986 erstmals auf der Detroiter Automobilausstellung zu sehen.

auch der in Zusammenarbeit mit Lotus entstandene 32-Ventil-V8-Motor (LTS), der als Ultra-High-Performance-Triebwerk in der ZR1-Version mit zwei obenliegenden Nockenwellen pro Zylinderreihe zusammen mit einem ZF-Sechsganggetriebe seinen Dienst tut und die Corvette leistungsmäßig wieder Anschluß an die Hochleistungssportwagen italienischer und deutscher Provenienz finden läßt. Vielleicht erscheint in Kürze ein neugestaltetes Heck, das den cw-Wert um ein paar Hundertstel senkt. An eine Ablösung des V8-Motors ist vorerst genausowenig zu denken wie an einen Neubau des Capitols in Form einer Pyramide. Doch ein zusätzlich angebotener, turbogeladener V6 als sparsames „Baukasten-Triebwerk" für mehrere GM-Modelle wäre durchaus vorstellbar. Doch, wie gesagt, im Moment traut sich niemand auch nur davon zu reden!

Es läßt sich mit einiger Sicherheit voraussagen, daß die nach 1984 gebauten Corvette einmal einen hohen Sammlerwert haben werden. Die Begründung für diese Prognose habe ich hoffentlich in diesem Kapitel geben können. Technisch betrachtet erwuchs aus der „Neuen Generation" die interessanteste Corvette seit dem Sting Ray von 1963, vielleicht sogar noch interessanter.

Der „Corvette Genève“, speziell für den Genfer Automobilsalon 1987 von der Firma ASC in Southgate, Michigan, gebaut, wurde von dem Magazin „Car and Driver“ beste Chancen als „mögliche Corvette der neunziger Jahre“ eingeräumt. Als Antriebsquelle war ein 5,7-Liter großer 32-Ventil-Leichtmetall-V8 von Lotus im Gespräch, der gut 400 PS Leistung bieten dürfte. Die Anregung zu 17 Zoll großen Rädern wurde für die Serien-Corvette von 1988 übernommen. Im Interieur der „Corvette Genève“ dominieren schwarzes Leder und rauchfarbenes Wildleder.

KAPITEL 10

Kaufberatung

Modellidentifikation und Ratschläge für Sammler

Die erste und entscheidende Frage, die man sich vor dem Kauf einer Corvette stellen sollte, ist die Frage nach der Originalität, denn der Wertunterschied zwischen einer originalen oder originalgetreu restaurierten Corvette und einer mit Fremd- oder Zusatzteilen „aufgewerteten" ist enorm. Die folgenden Richtlinien wurden von Sam Folz zusammengestellt, einem der erfahrensten Corvette-Kenner in den Vereinigten Staaten. Er faßt in knappen Worten die Unterschiede zwischen den einzelnen Baureihen und Modellen zusammen und weist auf die begehrtesten Zubehörteile und Sonderausstattungen hin. Sam verschweigt auch nicht die wenigen, aber ärgerlichen Schwachstellen der Corvette, und Sie werden überrascht sein wenn Sie hören, daß auch eine Corvette bisweilen zum Rostbefall neigt . . .

Am Anfang gab es nur die drei Motorama-Corvette-Prototypen. Einer war auf der Motorama-Ausstellung im Waldorf-Astoria-Hotel in New York 1953 zu sehen. Die beiden anderen wurden auf Anhänger verladen und in den USA und Europa herumgereicht, wo sie den potentiellen Käufern den Mund wäßrig machen, bzw. den nachfolgenden Serienexemplaren den Weg ebnen sollten.

Die in der zweiten Jahreshälfte 1953 in einer limitierten Auflage von genau 300 Exemplaren gebaute Corvette unterscheidet sich nur in Details von der Blickfang-Corvette der GM-Leistungsschau. Dieses Meisterstück von Harley Earl ist daher ein Sammlerstück par excellence, wobei sich die Kombination von einzigartigem Styling und sehr geringer Stückzahl natürlich auf den Preis niederschlägt. Eine Corvette der ersten Serie kann bereits als echte Kapitalanlage betrachtet werden, denn billiger werden diese Modelle auf keinen Fall.

Die frühen Corvette sind zuverlässige und langlebige Fahrzeuge. Im allgemeinen bereiten sie auch im Alltagsbetrieb keine Probleme, weil sie sich mechanisch kaum von den Chevrolet-Personenwagen jener Zeit unterscheiden, die ja für ihre sprichwörtliche Zuverlässigkeit bekannt sind.

Gegen den Kauf einer frühen Corvette sprechen neben dem hohen Anschaffungspreis einige ärgerliche Details wie die niedrige Windschutzscheibe, die bei geöffnetem Verdeck kaum nennenswerten Schutz vor dem Fahrtwind bietet, und die unzähligen undichten Stellen im Verdeck. Da man bei diesen Modellen lediglich den Kofferraum abschließen kann und Ersatzteile nicht nur schwer zu bekommen, sondern auch noch unverschämt teuer sind, empfiehlt es sich selbstverständlich nicht, eine solche Corvette unter der Laterne zu parken. Weil alle 53er Corvette in Polo-Weiß lackiert und mit rotem Interieur versehen wurden hat man in dieser Beziehung keine Wahl — wenn man nach einer originalen Corvette sucht.

Was für die 53er Corvette gesagt wurde, gilt natürlich auch für die 54er, außer daß es ab diesem Jahr verschiedene Lackierungen und Innenausstattungen gab. Das Verdeck war bei allen Farbkombinationen hellbraun, ob „Pennant Blue Metallic", „Sportsman Red" oder glänzend schwarz. Schwarz war dabei die am seltensten georderte Farbe, gefolgt von Blau und Rot.

Die 55er Modelle, die letzten dieser Corvette-Baureihe, sind selten und sehr gesucht. Sie können mit denselben Vorzügen wie ihre Vorgängerinnen aufwarten, wurden jedoch fast ausnahmslos mit dem neuen, stärkeren 265-cid-V8 (4,3 Liter Hubraum) ausgerüstet, den es nur in Verbindung mit der Zweigang-„Powerglide"-Getriebeautomatik gab. Der V8 mit seinem Vierfachvergaser bot einen deutlich besseren Durchzug als der „Six", und die durch den leichteren Motor verbesserte Gewichtsverteilung bescherte der 55er Corvette eine leichtgängigere Lenkung und ein ausgewogeneres Fahrverhalten. Dieses Modell wurde vornehmlich weiß lackiert und mit roter Innenausstattung versehen, doch es gab diese Corvette auch in den Farben „Gypsy Red" mit hellbeigem Interieur, „Harvest Gold" mit gelbem Innenraum und einige wenige auch in einem Kupferton mit hellbrauner Innenausstattung.

Man kann nicht oft genug betonen, daß nur absolute Originalität ein Garant für den hohen Sammlerwert einer Corvette ist. Die Corvette war für

Umbauten der Karosserie oder der Antriebseinheit wie geschaffen, und viele alte Corvette wurden im Lauf der Jahrzehnte durch größere Motoren oder andere Getriebe „aufgerüstet", was den Wert dieser Wagen natürlich erheblich mindert.

ZUSAMMENFASSUNG:
Für den Kauf einer Corvette der Baujahre 1953 bis 1955 sprechen:
1. Styling
2. Seltenheit, insbesondere 1953er, 1955er mit Dreiganggetriebe und 1955er mit Sechszylinder-Motor
3. Gutmütiges Fahrverhalten
4. Mechanische Zuverlässigkeit
5. Hoher Wertzuwachs

Gegen den Kauf sprechen:
1. Mangelnde Diebstahlsicherung
2. Keine Auswahl in Motorisierung oder Kraftübertragung
3. Hoher Preis
4. Undichtes Verdeck

Für 1956 hatte man einen großen Schritt in Richtung Komfort, repräsentative Erscheinung und Motorleistung getan. Neben der weißen Lackierung gab es nun auch die Farben Schwarz, Blau, Rot, Kupfer und Grün zur Auswahl. Der alte „Blue Flame"-Sechszylinder war aus dem Motorangebot verschwunden und der 265-cid-V8 (mit einem oder zwei Vergasern) wurde wahlweise an ein brandneues Dreigang-Schaltgetriebe oder die Zweigang-Powerglide-Automatik angeflanscht. Die Windschutzscheibe war um 30 bis 40 mm erhöht und der etwas ungeschickte Verdeckmechanismus gründlich überarbeitet worden. Um die durch das hakelige Verdeck der Vorgängermodelle abgeschreckten Käufer zu versöhnen gab es auf Wunsch ein automatisches Verdeck. Zu den weiteren Verbesserungen in diesem Jahr zählte die in die laufende Produktion einfließende Einführung einer echten Frischluftheizung, die den unwirksamen Wärmetauscher von 1953 ersetzte, Kurbelfenster in den Türen (auf Wunsch elektrisch betätigt), ein abnehmbares Fiberglas-Hardtop und ein erstmals angebotenes Transistorradio. Aus dem Roadster war ein echtes Cabriolet geworden. Durch die Verwendung richtiger Türgriffe und -schlösser war die Corvette nun abschließbar, auch das Handschuhfach zwischen den Sitzen erhielt ein eigenes Schloß.

Die Innenausstattung der 56er Corvette umfaßte gesteppte Vinylbezüge auf den Sitzen, an den Seitenverkleidungen und (soweit vorhanden) am Hardtop-Himmel. Dieses neue Bezugsmaterial war erstmals am „Corvair"-Show-Car von 1954, im Prinzip eine zum Fließheck-Coupé umgebaute Corvette, zu sehen gewesen. 1955 waren die Steppbezüge bereits am Chevrolet-Kombi „Nomad" wieder aufgetaucht.

Die augenfälligsten Veränderungen hatte die Karosserie erfahren. Die Scheinwerfer waren höher montiert und etwas vorgezogen worden, eine konkave Einbuchtung erstreckte sich vom vorderen Radausschnitt über die Fahrzeugflanke und die Heckleuchten waren in die Karosserie eingelassen. Die nach innen gewölbte Seitenfläche bot sich für zweifarbige Lackierungen natürlich geradezu an und wurde bei schwarzer, weißer und blauer Grundlackierung silbern, bei allen anderen Farbtönen hellbeige abgesetzt.

Das 1957er Modell unterschied sich äußerlich nur wenig von der 56er Corvette. Unter der Haube steckte allerdings der heute legendäre „Small-Block"-V8 mit 283 cid (4,7 Liter) Hubraum und schier unerschöpflichen Leistungsreserven. Dazu gab es gegen Aufpreis eine Einspritzanlage von Rochester, die dem Motor 283 PS entlockte. Von den 6339 produzierten 57er Corvette wurden allerdings nur 15 Prozent mit dieser Benzineinspritzung bestellt. Diese Wagen sind anhand kleiner Embleme auf Kotflüglen und Kofferraumdeckel leicht zu identifizieren. Eine in verschwindend geringen Stückzahlen produzierte Einspritzversion verfügte über ein spezielles Ansaugsystem mit Sammler. Diese für den Wettbewerbseinsatz gedachten „Fuelie"-'Vette sind heute allerdings kaum mehr zu bezahlen.

Die Farbpalette wurde von den 56er Modellen übernommen und um eine silberfarbene Variante erweitert, bei der die konkaven Flächen an den Flanken auf Wunsch weiß abgesetzt waren. Als weitere wichtige Neuheit gab es ab 1957 ein Viergang-Schaltgetriebe. Dieses Getriebe war jedoch erst ab dem 1. Mai 1957 erhältlich, so daß alle vorher gebauten 57er Corvette, einschließlich der Einspritzer-Modelle, noch mit Dreiganggetriebe, bzw. Zweigang-Powerglide ausgerüstet wurden.

Zusammenfassend kann man sagen, daß die Corvette von 1957 im Vergleich zu ihren Vorgängerinnen in jeder Hinsicht das ausgereiftere und ausgewogenere Fahrzeug war und sich daher auch größter Beliebtheit erfreut. Besonders gefragt sind die Einspritzer- und Viergang-Modelle.

ZUSAMMENFASSUNG:
Für den Kauf einer Corvette der Baujahre 1956 und 1957 sprechen:
1. Styling
2. Wetterfestes Verdeck und Kurbelfenster, Hardtop
3. Höhere Leistung, bessere Beschleunigung und Höchstgeschwindigkeit
4. Sportliche Extras 1957, darunter Einspritzer-Version, breitere Felgen, Vierganggetriebe und Sportfahrwerk-Paket
5. Hoher Wertzuwachs
6. Mehrere Lackierungen zur Wahl

Gegen den Kauf sprechen:
1. Hoher Preis
2. Serienbereifung und Bremsanlage dem Leistungszuwachs nicht gewachsen, besonders eklatant bei der Einspritzer-Version von 1957

Für 1958 blieben der Corvette der 283-cid-V8 in Verbindung mit dem Drei- und Vierganggetriebe, bzw. der Zweigang-Automatik erhalten. Die wichtigste Änderung betraf die Optik: Alle GM-Personenwagen erhielten in diesem Jahr nämlich Doppelscheinwerfer. Außerdem wurde der vormals große, ovale Kühlergrill der Corvette durch einen kleineren mit zwei seitlichen Grillattrappen unter den Scheinwerfern ersetzt.

Die Motorhaube erhielt imitierte Lüftungsschlitze zwischen zwei längsgerichteten Luftleitsicken und der Kofferraumdeckel wurde mit zwei breiten Chromleisten zwischen Verdeckabteil und hinterer Stoßstange verziert. Das Armaturenbrett wurde vollkommen neu gestaltet und mit einer Mittelkonsole versehen, in der sich die Bedienungselemente für die Heizung, sowie das Radiogerät und eine Zeituhr befanden. Die Oberfläche der Vinyl-Innenausstattung war nur 1958 kieselsteingroß genarbt.

1959 wurde die etwas überladene Linie des Vorjahresmodells etwas „aufgeräumt", die falschen Lüftungsschlitze auf der Motorhaube und die Chromleisten auf dem Kofferraumdeckel verschwanden wie die auffällige Narbung der Vinylbezüge. Mechanisch blieb alles beim alten, dafür ersetzte die neue Farbe Schwarz den nur 1958 angebotenen Farbton Anthrazit.

1960 war wieder mehr Leistung angesagt. Die stärkste Einspritzer-Version leistete aus 4,8 Litern Hubraum 315 PS und die Verarbeitungsqualität erreichte 1960 einen neuen Höhepunkt. 1960 war in jeder Beziehung ein großes Corvette-Jahr. Das 60er Modell läßt sich leicht anhand der längsgesteppten Sitzflächen von der 59er Corvette unterscheiden, bei der die Sitze noch quergesteppt waren. Außerdem waren kleine blaue und rote Balken in die Innenverkleidung auf der Beifahrerseite eingearbeitet.

ZUSAMMENFASSUNG:

Für den Kauf einer Corvette der Baujahre 1958 bis 1960 sprechen:

1. Repräsentatives Äußeres, besonders 1958er Modell
2. Leistung, besonders 1960er Modell
3. Komfort und Zuverlässigkeit
4. Hoher Wertzuwachs

Gegen den Kauf sprechen:

1. Hoher Preis
2. Serienbereifung (6.70 × 15) der Motorleistung nicht gewachsen

Die 1961er Corvette gab mit ihrem vom „Stingray"-Rennwagen entlehnten „Entenbürzel"-Heck, das an eine ansonsten unveränderte 60er Karosserie angefügt worden war, bereits einen Vorgeschmack auf die kommende Corvette-Generation. Die „Haifischzähne" im Kühlergrill, ein Überbleibsel aus den Anfangstagen der Corvette, wurden gegen einen engmaschigeren, leicht nach innen gewölbten Aluminiumgrill ausgetauscht. Zum ersten Mal mündeten die Auspuffrohre nicht in einer verzierten Aussparung in der Karosserie ins Freie, sondern in freiliegenden Endrohren direkt hinter den Hinterrädern. Die neue Heckpartie ermöglichte vier runde Heckleuchten anstelle der kleinen Einzelleuchten, die Ladekante des Kofferraums war über die Gürtellinie nach oben gewandert. Unter dem „Blech" hatte sich gegenüber 1960 nichts verändert.

Für 1962 wurde die neue Karosserieform beibehalten und mit etwas weniger Chromzierrat behängt. Der Kühlergrill wurde geschwärzt, die Chromeinfassung um die konkaven Seitenflächen entfernt und durch eine in die Karosserie eingearbeitete Sicke ersetzt. Gleichzeitig entfiel die Zweifarben-Lackierung, die seit 1953 immer gegen Aufpreis angeboten worden war. An ihre Stelle traten (ebenfalls aufpreispflichtige) Weißwandringe an den Reifen.

1962 wurde der Hubraum des V8-Motors von 283 auf 327 cid (5,4 Liter) vergrößert, wodurch Leistung und Drehmoment natürlich in die Höhe schnellten. Ein ungeübter Fahrer hat mit einer 62er Corvette mit „scharfem" Motor seine liebe Not. Die schmalbrüstigen Reifen der Größe 6.70 × 15 schreien beim harten Einkuppeln nach jedem Gangwechsel erschreckt auf, egal ob im ersten, zweiten oder dritten Gang! Vielen gilt die 62er Corvette als Krone der Starrachsen-Ära, was die geforderten Preise belegen.

ZUSAMMENFASSUNG:

Für den Kauf einer Corvette der Baujahre 1961 und 1962 sprechen:

1. Styling (siehe unten)
2. Motorleistung, insbesondere 340- und 360-PS-Versionen von 1962
3. Ruppig, aber ehrlich und zuverlässig
4. Hoher Wertzuwachs

Gegen den Kauf sprechen:

1. Styling (wenn man die Kombination aus „alter" Front und „neuem" Heck nicht mag)
2. Hoher Preis
3. Für Anfänger schwer beherrschbar

An dieser Stelle sei bemerkt, daß vor dem Kauf einer Corvette der Baujahre 1953 bis 1962 unbedingt der Rahmen sorgfältigst auf Rostbefall untersucht werden sollte. Nur weil die Corvette eine „nichtrostende" Karosserie hat, heißt das noch lange nicht, daß der Rest des Wagens ebenfalls gegen den „Blechwurm" gefeit ist. Achten Sie auf die seitlichen Längsträger und besonders auf den hinteren Querträger. An diesem Träger sind nämlich die Blattfedern aufgehängt, und eine genaue Prüfung dieses Teils kann Sie vor bösen Überraschungen bewahren (der hintere Querträger wird mittlerweile nachgefertigt).

Die heißeste Zeitzone in der Corvette-Geschichte beginnt 1963 mit dem Sting Ray, der bis 1967 gebaut wurde.

Für den Sting Ray wurde im ersten Jahr die 5,4-Liter-Motorenpalette der 62er Modelle übernommen. Die ebenfalls unveränderten Drei- und Vierganggetriebe erfreuten sich größter Beliebtheit, nur wenige „Unverbesserliche" machten von der immer noch angebotenen Zweigang-Powerglide-Automatik Gebrauch. Vor allem das neue, aufregende Styling sorgte für Schlagzeilen. Das legendäre „Split-Window-Coupé" von 1963 bewegt heute wie damals die Gemüter der Automobilfans. Die Cabriolet-Versionen mit und ohne Hardtop waren jedoch nicht minder beliebt und stellten fast 50 Prozent der Jahresproduktion von 1963.

1964 erfuhr der Sting Ray nur wenige augenfällige Veränderungen, wurde aber in vielen Punkten verbessert. Beliebteste Version war wieder das Cabriolet mit 63 Prozent der Käuferstimmen. Beim Coupé war die zweigeteilte Heckscheibe zur Freude der Konstruktionsabteilung und zum Leidwesen der Designer einer einteiligen gewichen. Ebenfalls verschwunden waren die falschen Lüftungsschlitze in der Motorhaube, dafür gab es erstmals Leichtmetallräder mit echten Zentralverschlüssen, die bereits im Vorjahr etwas übereilt angekündigt worden waren.

In der C-Säule hinter der Fahrertür sorgte eine kleine Entlüftungsöffnung für bessere Ventilation bei geschlossenen Fenstern. Auf der Beifahrerseite wurde aus Gründen der Symmetrie ebenfalls ein kleiner Ziergrill angebracht, der jedoch keine Funktion hatte. Die Leistung der stärkeren Motorversionen war gegenüber 1963 leicht angehoben worden, dafür wurde das noch im Vorjahr erhältliche Leistungspaket „RPO Z-06" nicht mehr angeboten, weil GM sich der AMA-Resolution gegen offizielle Rennsportbeteiligungen angeschlossen hatte. Der größere Kraftstofftank (136 Liter, „N-03") blieb jedoch im Angebot. Erstmals seit 1964 wurde die Reifengröße von 6.70 × 15 auf 7.75 × 15 angehoben. Die im Herbst 1963 eingeführte Klimaanlage avancierte 1964 zu einem beliebten Sonderzubehör.

Das gegen Aufpreis erhältliche MW-Radio mit Sendersuchlauf (von 1953 bis 1955 sogar serienmäßig eingebaut) mußte Mitte 1963 einem einfacheren UKW/MW-Radio ohne „Wonderbar"-Sendersuchlauf weichen.

ZUSAMMENFASSUNG:

Für den Kauf einer Corvette der Baujahre 1963 und 1964 sprechen:

1. Styling, besonders gesucht ist das „Split-Window-Coupé" von 1963
2. Motorleistung
3. Fahreigenschaften
4. Hoher Wertzuwachs, insbesondere mit Z-06-Motor (1963) oder Benzineinspritzung, Klimaanlage und Ledersitzen

Gegen den Kauf sprechen:

1. Mit Sportfahrwerk und Wettbewerbs-Bremsanlage vielleicht eine Spur zu hart für den Straßengebrauch
2. Hoher Preis

Das 1965er Modell zählt mit zu den gesuchtesten Sting Rays, weil in diesem Jahr erstmals serienmäßig Scheibenbremsen an allen vier Rädern verbaut wurden. Manche Kunden ließen sich 1965 ihren Sting Ray allerdings ab Werk mit Trommelbremsen ausrüsten und die komplette Scheibenbremsanlage im Kofferraum mitgeben. Später wurden jedoch ausnahmslos alle Corvette mit Scheibenbremsen ausgestattet. Ab 1965 gab es gegen Aufpreis den 396 cid (6,5 Liter) großen „Big-Block"-Motor, der im Gegensatz zum letzten „kleinen", 375 PS starken Einspritzer-Motor 425 PS leistete.

Unter den zwischen 1963 und 1967 entstandenen Sting Rays ist das „Split-Window-Coupé" von 1963 heute mit Abstand das gesuchteste und teuerste Modell. Amerikanischen Sammlern ist diese Corvette einen Mehrpreis von 3000 bis 4000 $ gegenüber den späteren Modellen wert, vorausgesetzt, das Fahrzeug befindet sich in absolutem Bestzustand. Auch für etwas verschlissene Exemplare werden jedoch gerne bis zu 2000 $ mehr bezahlt.

Die fünf 1963 gebauten „Grand Sport"-Rennwagen existieren alle noch und repräsentieren jeder einen Wert von über 100 000 $. Bei den Cabriolet-Versionen erhält die 63er Corvette als erstes Modell der Baureihe natürlich einen Bonus, der aber in den seltensten Fällen über 1500 $ liegt.

Absolute Top-Exemplare sollten mit einer originalen Klimaanlage versehen sein (1963 noch sehr selten), die allein einen Mehrpreis von 500 bis 1000 $ bringt. Die seinerzeit gegen Aufpreis erhältlichen Leichtmetallräder mit Zentralverschluß schlagen mit weiteren 1000 $ zu Buche, doch gibt es mittlerweile auch gute, preiswertere Reproduktionen. Ebenfalls teuer gehandelt werden die Leder-Innenausstattung und die Motorversion L-88, die bei einem guten 67er Sting Ray gut 1000 $ bringt. Bei den frühen Modellen von 1963 bis 1965 steigert die Benzineinspritzung, die neben der Klimaanlage zu den gesuchtesten Corvette-Ausstattungen zählt, den Wert um satte 2000 $.

1966 entfiel die Benzineinspritzung, doch dafür wurde der „Big-Block"-Motor auf 427 cid (7 Liter) Hubraum vergrößert und leistete nun zwischen 390 und 425 PS. Die so ausgerüsteten Corvette erhielten eine neue Motorhaube, an der sie bereits von weitem zu erkennen sind.

Sowohl 1965 als auch 1966 hatte die Corvette ein heute sehr begehrtes Teakholz-Lenkrad und wahlweise sogar eine nicht minder gesuchte Sicherheits-Lenksäule.

Wie alle anderen Corvette-Modelle werden die komplett ausgestatteten Sting Rays am teuersten gehandelt. Zur Komplettausstattung zählen die Benzineinspritzung, bei Cabriolets das Hardtop, Leichtmetallräder, Klimaanlage, Ledersitze, elektrische Fensterheber und (soweit angeboten) das Teakholz-Lenkrad und die Sicherheits-Lenksäule. Die 1966 und 1967 angebotenen 427-cid-Versionen sind sehr begehrt, wenngleich der 327er-Motor im Alltagsbetrieb problemloser ist. Nach kleineren Umbauten verträgt der hochverdichtete „Big-Block"-V8 auch die heute in den USA erhältlichen, niederoktanigen Kraftstoffe.

Die 67er Modelle gefallen durch ihr schnörkelloses Karosseriedesign, wobei die diversen Be- und Entlüftungsschlitze alle auch tatsächlich eine Funktion erfüllen. Außerdem war dieses Baujahr das letzte der legendären Serie. Danach beeinflußte die Emissions- und Sicherheits-Gesetzgebung zunehmend Leistung und Charakter der Corvette, während beim 67er Modell lediglich das Holzlenkrad und die zentral befestigten Laufräder geopfert werden mußten.

ZUSAMMENFASSUNG:

Für den Kauf einer Corvette der Baujahre 1965 bis 1967 sprechen:

1. Styling
2. Leistung
3. Lohnende Investition, vor allem bei Coupés mit Klimaanlage, 65er Einspritzer-Versionen und allen 67er Modellen

Gegen den Kauf sprechen:

1. Hoher Preis
2. Hochleistungsmotoren erfordern qualitativ guten Kraftstoff
3. Mit Sportfahrwerk äußerst unkomfortabel zu fahren

1968 wurde eine völlig neugestaltete Corvette mit neuem Image vorgestellt. Zwar waren Chassis und Radaufhängungen im Prinzip unverändert von der Sting-Ray-Baureihe übernommen worden, doch die Felgenbreite wuchs schrittweise von 6 Zoll (1967) auf 7 Zoll (1968) und schließlich sogar auf 8 Zoll (ab 1969). Damit verfügte die Corvette endlich über ausreichend große Übertragungsflächen für die Kraft der großen Motoren.

Das Styling der 68er Corvette war durchaus ansprechend, wenn auch nicht ganz so herausfordernd wie das des „Mako Shark"-Show-Car, der bei der Entwicklung der neuen Corvette Pate gestanden hatte. Durch die niedrigere Dachlinie und die flach angestellte Windschutzscheibe saß man in der neuen Corvette wie in einem etwas zu engen Anzug, die Sicht wurde durch die tiefe Sitzposition und die beiden ins Blickfeld ragenden Kotflügel nicht gerade begünstigt. Dafür brachte die neue Karosserieform unbestreitbare aerodynamische Vorteile, was sich vor allem in verbesserter Richtungsstabilität im oberen Geschwindigkeitsbereich bemerkbar machte.

1968 waren acht verschiedene 7-Liter-Motorversionen mit 390 bis 435 PS Leistung im Angebot. Als Kraftübertragung standen drei Viergang-Schaltgetriebe und erstmals eine Dreigang-„Hydramatic" zur Wahl, die die betagte Zweigang-Powerglide endgültig abgelöst hatte.

1969 wurden die Türgriffe überarbeitet und „Stingray"-Schriftzüge an den Kotflügeln angebracht. Ein neuer 350-cid-V8 (5,7 Liter Hubraum) ersetzte den betagten 327er und sollte fortan lange Jahre als Corvette-Standardmotorisierung dienen.

1970 wurden die vier kiemenförmigen Entlüftungsschlitze in den vorderen Kotflügeln durch Ziergitter im Stil des Mercedes 300 SL ersetzt, die bis 1972 die Seitenansicht der Corvette prägten. Der „Big-Block"-Motor wurde von 427 cid auf 454 cid (7,5 Liter) Hubraum aufgebohrt und blieb als größtes Corvette-Triebwerk bis 1974 im Angebot.

Die Corvette von 1971 glich ihrer Vorgängerin aufs Haar. Unter der Motorhaube arbeiteten neue Motoren, die sich ausnahmslos mit unverbleitem Normal-Kraftstoff mit mindestens 91 Oktan begnügten.

Das 1972er Modell war die letzte Corvette mit Chrom-Stoßstange vorn, rechteckig unterteiltem („Eierkarton"-) Kühlergrill und Spoiler-Heck. Diese Corvette wurde erstmals mit einer serienmäßigen Alarmanlage ausgerüstet. 1972 war das letzte Jahr des auf Wunsch erhältlichen, hochdrehenden LT-1-Triebwerks mit 350 cid Hubraum und starren Stößeln.

Die vom Gesetzgeber geforderten „8-km/h-Stoßfänger" aus Polyurethan verliehen der 1973er Corvette ein neues Gesicht. Am Heck der Corvette wurde jedoch immer noch eine verchromte Stoßstange montiert, wodurch dieser Jahrgang stilistisch betrachtet eine Sonderstellung einnimmt. In den Kotflügeln hinter den Vorderrädern klaffte eine einzige große Entlüftungsöffnung anstelle des Ziergrills. Als Motorisierung standen nur noch je eine Version mit 350 und 454 cid Hubraum zur Wahl, beide nun mit Hydrostößeln. Die für dieses Modell zuerst angekündigten Leichtmetallräder wurden am Ende doch nicht angeboten, die wenigen so ausgerüsteten Wagen zurückgerufen. Erst 1976 sollte es wieder Leichtmetallräder für die Corvette geben.

Die 74er Modelle erhielten auch hinten einen energieverzehrenden Stoßfänger aus lackiertem Kunststoff, in diesem Jahr allerdings noch ohne gummibelegte Stoßstangenhörner. Zum letzten Mal sah man zwei Auspuffendrohre unter dem Heck der Corvette. Verbleiten Kraftstoff gab es nur noch 1974 zu kaufen und Ende des Jahres kam auch das Aus für den großen 454er Motor.

1975 rollte das vorläufig letzte Corvette-Cabriolet vom Band. Alle GM-Personenwagen wurden nun ab Werk mit einem Katalysator ausgerüstet und die Motorenpalette auf den Standard- und einen Alternativmotor zusammengestrichen: Den 205 (DIN-)PS starken L-82.

1976 wurde die Corvette optisch ein wenig retuschiert und mit einem Hitzeschild am Wagenboden versehen, das die Abwärme von Motor und Katalysator vom Innenraum fernhalten sollte. Nach dreijähriger Durststrecke gab es wieder Leichtmetallräder. Die letzten Modelle dieses Jahrgangs erhielten das vormals aufpreispflichtige Leder-Interieur serienmäßig, da der Imagewechsel hin zum luxuriösen Tourer seit dem Wegfall der sportlichen Versionen ohnehin längst vollzogen war.

1977 folgten wieder ein paar Retuschen, darunter ein neues Haubenemblem und die Entfernung der Chromleisten an der Windschutzscheiben-Einfassung. Von innen verstellbare Sport-Außenspiegel waren sehr populär, auch Klimaanlage und Stereo-Radiogerät wurden oft bestellt. Ein kleiner Gepäckträger erlaubte den Transport der demontierten Dachhälften außen an der Karosserie, wodurch im normalen Gepäckabteil im Fahrzeuginnern mehr Platz blieb.

1978 feierte die Corvette ihren 25. Geburtstag und erhielt deshalb an Schnauze und Heck kleine Embleme. Die kleine, senkrecht zwischen den langgestreckten C-Säulen versteckte Heckscheibe wurde durch ein großes Glas-Fließheck ersetzt, das bis zur Ablösung der Baureihe 1982 die Heckansicht der Corvette prägte.

Zwei Sondermodelle des Jahres 1978 verdienen besondere Erwähnung: Das silber/anthrazitfarben lackierte „Silver Anniversary"-Modell (B2Z) mit Sportspiegeln und Leichtmetallrädern, und die in einer limitierten Auflage von ca. 6500 Stück produzierte „Pace Car"-Replica. Dieses Sondermodell war schwarz/silberfarben lackiert und mit dünnen roten Zierlinien versehen. Beigefügt waren außerdem verschiedene „Indianapolis"-Aufkleber, die man aber selbst anbringen mußte. Dieses Modell war mit allen möglichen Extras vollgestopft, darunter auch zwei Schalensitze, die ab 1979 serienmäßig in allen Modellen Verwendung fanden.

Das 1980er Modell machte durch die neuen Stoßfänger-Formteile mit integrierten Spoilern und neuen seitlichen Entlüftungsöffnungen einen „moderneren" Eindruck. Im Innenraum beherrschte ein ab diesem Jahr vorgeschriebener „85-mph-Tachometer" das Armaturenbrett. Sicherheits-Lenksäule und Klimaanlage gehörten mittlerweile zur Serienausstattung, was die weiter fortschreitende Entwicklung der Corvette zum „Boulevard-Cruiser" unterstreicht.

Ein Schwerpunkt bei der Gestaltung der optisch kaum veränderten 81er und 82er Corvette war die Gewichtsersparnis. So übernahm beispielsweise eine fiberglasverstärkte Querblattfeder die Aufgabe der bisher verwendeten Stahlfeder — ohne großen Einfluß auf das Fahrverhalten.

Auch bei dieser Corvette-Baureihe sollte vor dem Kauf ein kritischer Blick auf den Zustand der Rahmenträger geworfen werden. Besondere Beachtung verdienen bei der aus dem Jahre 1963 stammenden Fahrwerkskonstruktion mit Einzelradaufhängung hinten die Längsträger kurz vor dem Aufwärtsknick über der Hinterachse. Auch die Ganzmetall-Blattfeder der vor 1981 gebauten Modelle sollte genau inspiziert werden.

ZUSAMMENFASSUNG:

Für den Kauf einer Corvette der Baujahre 1968 bis 1982 sprechen:

1. Styling (Geschmackssache)
2. Wegen der sprunghaft steigenden Ersatzteilpreise unter Umständen gute Geldanlage
3. Motorleistung, insbesondere frühe L-79- und L-88-Motorversionen, sowie LT-1-Versionen von 1970 bis 1972
4. Komfortabler Tourensportler
5. Vergleichsweise niedrige Preise (gegen Corvette-Modelle von vor 1967)

Gegen den Kauf sprechen:

1. Schlechte Rundumsicht durch niedrige Sitzposition und hochragende vordere Kotflügel
2. Hoher Verbrauch und hohe Unterhaltskosten vor allem bei „Big-Block"- und Hochleistungsmotoren

In der Baureihe von 1968 bis 1982 lassen sich kaum klare Sammler-Präferenzen ausmachen, mit Ausnahme der letzten Cabriolets von 1975 vielleicht, die ja allein durch ihre Exklusivität bereits eine Sonderstellung einnehmen. Außerdem haben die 68er Modelle (Coupé und Cabriolet gleichermaßen) als erste Vertreter der neuen Linie durchaus Chancen, einmal als Sammlerstücke zu gelten. Doch Vorsicht: Im Anfangsjahr hat es Probleme mit der Verarbeitung der Fiberglasteile gegeben, so daß der Zustand der Karosserie ausschlaggebend für den Wert des Wagens ist!

Wie schon bei der Sting-Ray-Baureihe von 1963 bis 1967 werden natürlich auch hier die komplett ausgestatteten Exemplare bevorzugt. Versuchen Sie auf jeden Fall ein Exemplar mit originaler Klimaanlage, Leder-Innenausstattung und UKW/MW-Radiogerät zu erwischen, wenn möglich sogar mit Sicherheits-Lenksäule, Servolenkung und Servobremsen.

Die „Big-Block"-Versionen mögen auf den ersten Blick interessant erscheinen, doch die beschränkte Kraftstoffauswahl in den USA macht ihnen das Leben dort zusehends schwerer. In Europa sieht es zum Glück (noch) nicht ganz so schlimm aus.

Die ab 1976 wieder angebotenen Leichtmetallräder sind heute ebenfalls sehr gesucht. Seien Sie jedoch nicht überrascht, wenn das Reserverad aus unansehnlichem schwarzem Stahlblech gefertigt ist — für den Aufpreis erhielt man seinerzeit nur vier Leichtmetallräder!

Die jüngste Corvette-Generation ist nun auch schon vier Jahre alt, und man kann sich an die ersten zaghaften Wertschätzungen wagen. Im allgemeinen gilt, daß die neueren Modelle in jedem Fall die besseren sind und daß Cabriolets bei ihrem derzeitigen Produktionsanteil erfahrungsgemäß auch teurer als Coupés gehandelt werden. Man sollte jedoch nicht außer Acht lassen, daß die Cabriolets 1987 bereits ein Drittel der Corvette-Produktion ausmachten und abzuwarten bleibt, wie sich dieses Verhältnis in den kommenden Jahren entwickelt.

Die Vorzüge und Nachteile des 1984er Modells wurden ja in Kapitel 9 bereits in aller Ausführlichkeit beschrieben. Als erster Vertreter der neuen Baureihe muß dieses Modell demnach nicht unbedingt zu den erhaltenswertesten zählen.

Als Grund hierfür mögen zuerst einmal die hohen Produktionszahlen genannt werden, die die Zahlen der vier bislang bekannten Nachfolgemodelle deutlich übersteigen. Außerdem gab es 1984 noch kein Cabriolet. Um es vorweg zu nehmen: Die ab 1986 entstandenen Cabriolet-Versionen sind entsprechend ihrer Produktionsanteile im Schnitt doppelt so erstrebenswert wie die Coupés, wenn auch nicht immer doppelt so teuer. Daran ist sicher auch die eindeutige Sammler-Bevorzugung offener Automobile nicht unschuldig.

Was die technischen Vorzüge betrifft, so brachte jedes neue Modelljahr eine Verbesserung mit sich. Die 1985 eingeführte „Tuned Port Injection" bot zwar ein kleines Leistungs- und Drehmoment-Plus gegenüber der „Cross-Fire"-Anlage, doch macht sich dieser Zuwachs erst in den oberen Drehzahlregionen bemerkbar, im dem sich ein Corvette-Fahrer ohnehin nur selten bewegt.

Neben der vielbejubelten Cabriolet-Version brachte das Jahr 1986 auch die Streichung des Z51-Fahrwerkskits, was in meinen Augen ebenfalls eine Verbesserung darstellt. Dieses Sportfahrwerk mochte zwar auf einem Slalomkurs ein paar Zehntelsekunden bringen — den Nieren der Insassen bereitete es in erster Linie Schmerzen. Bei den nach 1986 entstandenen Corvette muß man zumindest nicht befürchten, daß sie eventuell über dieses „Folter-Fahrwerk" verfügen!

Ein weiteres Zubehör, auf das man bei Modellen ab Baujahr 1986 ebenfalls keinen gesteigerten Wert legen sollte, ist die „Climate Control"-Klimaanlage. Durch den sehr kleinen Innenraum der Corvette flutet die überforderte Steuerelektronik das Cockpit in rascher Folge abwechselnd mit arktisch kalter und tropisch heißer Luft. Auf diese Schocktherapie kann man getrost verzichten.

Das 87er Modell ist zweifellos die gelungenste neue Corvette. Der neue V8-Motor mit seinen verschleißarmen Hydrostößeln und nadelgelagerten Kipphebeln läuft mechanisch leiser und hat aller Wahrscheinlichkeit nach eine höhere Lebenserwartung als seine Vorgänger. Der Z52-Fahrwerkskit ist seinem Vorgänger Z51 von 1984/85 in jeder Beziehung überlegen und besteht aus Bilstein-Stoßdämpfern, einem 13:1 übersetzten Lenkgetriebe, $9\frac{1}{2}$-Zoll-Felgen und einer 3,07:1 übersetzten Hinterachse.

Die 88er Corvette unterscheidet sich kaum vom Vorjahresmodell, verfügt aber über fünf zusätzliche Pferdestärken (245 PS, was einer Leistungssteigerung von 20 Prozent gegenüber 1984 gleichkommt) und eine neue Vorderachsgeometrie mit Null-Lenkrollradius, durch den sich das Fahrzeug bei Vollbremsungen besser in der Spur halten läßt. Die Summe der Verbesserungen macht die 88er Corvette zur besten ihrer Art — und zur teuersten!

Freilich läßt sich zum jetzigen Zeitpunkt noch kein abschließendes Urteil über den zukünftigen Sammlerwert der jüngsten Generation fällen. Wie nicht anders zu erwarten orientiert sich der Marktwert noch am reinen Gebrauchswert der Fahrzeuge, so daß ein 84er Modell mit 30 000 Kilometer Laufleistung in jedem Fall mehr kostet als ein 86er mit 130 000 Kilometern. Wenn das jedoch der einzige Unterschied ist, würde ich mir die 84er Corvette kaufen.

ZUSAMMENFASSUNG:
Für den Kauf einer Corvette der Baujahre 1984 bis 1988 sprechen:

1. Technisch betrachtet die fortschrittlichste Corvette
2. Zeitgenössisches Design und Ausstattung
3. Nach der bisher beobachteten Preisentwicklung zu schließen hoher Wiederverkaufswert
4. Luxuriöseste und komfortabelste Corvette überhaupt
5. Im allgemeinen gute Verarbeitungsqualität, in jedem Fall besser als bei der vorangegangenen Baureihe von 1968 bis 1982

Gegen den Kauf sprechen:

1. Hoher Preis. Mit der Einführung der neuen Generation wurde der Verkaufspreis drastisch angehoben und steigt weiter. Der hohe Wiederverkaufswert schlägt in diesem Fall für den Käufer natürlich negativ zu Buche.
2. Definitive Abkehr von den traditionellen Corvette-Werten aus den fünfziger und sechziger Jahren, wodurch die neue Corvette von zukünftigen Sammlergenerationen unter Umständen als weitaus weniger erhaltenswert angesehen werden könnte.

 Chevrolet Corvette ZR1

KAPITEL 11

Mit der Corvette leben

Clubs, Ersatzteile und Restaurierung

Die „National Corvette Restorers Society"

Wer eine Corvette restauriert oder Ersatzteile für seine Corvette sucht, wird früher oder später auf die „National Corvette Restorers Society" (NCRS) stoßen, eine der bestorganisiertesten Interessengemeinschaften für ein einzelnes Modell. Ursprünglich kümmerte sich diese Gesellschaft ausschließlich um Corvette-Modelle vor Baujahr 1965, doch es dauerte nicht lange, da wurden auch die Sting Rays bis Baujahr 1967 in die Statuten aufgenommen. Es ist wohl nur noch eine Frage der Zeit, bis auch die Besitzer von Corvette der geschichtsträchtigen dritten Baureihe von 1968-1982 in den Genuß der Mitgliedschaft kommen.

Bemerkenswerterweise wurde dieser 6000 Mitglieder zählende Club erst vor knapp 14 Jahren von sieben Corvette-Besitzern im Holiday Inn in Angola, Indiana, gegründet. General Motors konnte kaum noch mit Informationen zu den älteren Modellen dienen, und durch die zunehmende Beliebtheit der Corvette häuften sich die Anfragen wißbegieriger Corvette-Besitzer, auf die die Archivare der Chevrolet Division keine Antwort mehr wußten. Heute ist die NCRS in allen 50 amerikanischen Bundesstaaten und gut einem Dutzend anderer Länder vertreten.

Ein Schwerpunkt der NCRS liegt auf der Herausgabe des vierteljährlich erscheinenden Magazins „The Corvette Restorer", das als 16-seitiges Mitteilungsblatt begann und heute mit 40 bis 50 Seiten fast Zeitschriftenformat erreicht hat. Ein Heer freier Mitarbeiter versorgt das professionell im Offset-Verfahren gedruckte Blatt mit einer Fülle von Informationen, die fast alle Bereiche der Corvette-Restauration abdecken. Ergänzend zum „Restorer" erscheint alle zwei Monate das NCRS-Mitteilungsblatt „Driveline" mit Kleinanzeigen und internationalen Veranstaltungshinweisen.

Die National Corvette Restorers Society hält jedes Jahr mindestens eine Mitgliederversammlung ab, in deren Umfeld auch eine der bedeutendsten Corvette-Ausstellungen mit Prämierung, sowie ein Literatur- und Teilemarkt stattfinden und anerkannte Corvette-Spezialisten Rede und Antwort stehen. Zu den illustren Gästen dieser Veranstaltungen zählten in der Vergangenheit Größen wie der Buchautor Karl Ludvigsen, der Chef der „Molded Fiberglas Company", Robert Morrison, der prominente Herausgeber Mike Antonick, sowie die früheren und heutigen Chevrolet-Chefingenieure Zora Arkus-Duntov und Dave McLellan.

Ziel der Corvette-Ausstellungen ist nach Angaben des NCRS nicht unbedingt, „nur die schönste Corvette zu prämieren, sondern allen Teilnehmern die Möglichkeit zu geben, sich mit anderen Enthusiasten über saubere Arbeit zu unterhalten und Anregungen für Verbesserungen zu sammeln. Um verbissenes Konkurrenzdenken von vorneherein auszuschließen, werden alle Fahrzeuge mit Preisen bedacht, die mindestens 70 von 100 Bewertungspunkten erreichen. Als Anreiz für Teilnehmer, die auf eigener Achse zum Treffen kommen, werden zusätzliche Punkte für die Anfahrtstrecke vergeben."

Um in die National Corvette Restorers Society aufgenommen zu werden genügt es, 18 US $ (für USA und Kanada), bzw. 30 US $ (alle anderen Länder — Publikationen werden per Luftpost verschickt) zusammen mit ihrem Namen, ihrer Anschrift und Telefonnummer, sowie Baujahr und Fahrgestellnummern aller in Ihrem Besitz befindlichen Corvette an NCRS Inc., 6281 Day Road, Cincinnati, Ohio 45247, USA, zu schicken. Die Telefonnummer der NCRS lautet (513) 385-8526.

Andere Corvette-Clubs

Die „National Corvette Owners Association", PO Box 777A, 404 South Maple Avenue, Falls Church, Virginia 22046, USA, hat 13 000 Mitglieder und gibt das Magazin „For 'Vettes Only" heraus. Der Mitgliedsbeitrag beträgt 28 $ pro Jahr.

Der „National Council of Corvette Clubs“ steht allen Corvette-Besitzern offen. Der Beitrag beträgt im ersten Jahr 30 $ (inkl. Aufnahmegebühr), danach pro Jahr 20 $. Anfragen sind zu richten an den National Council of Corvette Clubs, PO Box 5032, Lafayette, Indiana 47903, USA.

In den USA existieren natürlich auch zahlreiche regionale Interessengemeinschaften und Clubs, darunter auch die folgenden Gebietsvertretungen der National Corvette Restorers Society:
Nord-Kalifornien: 1108 Tulane Court, Livermore, CA 94550
Rocky Mountains: 4577 S.Wolff Street, Denver, Colorado 80236
Florida: 12734 Pineacre Lane, West Palm Beach, FL 33411
Georgia: Route 3, Box 338A, McDonough, GA 30253
Illinois: 536 Carlsbad Trail, Roselle, IL 60172
Michigan: PO Box 591, Houghton Lake, MI 48629
Carolina (Nord und Süd): 2541 O'Hara Drive, Charlotte, NC 28210
Lake Erie: 8731 Avery Road, Broadview Heights, Ohio 44147
Nordwest-USA: 30803 S.W.Grahams Ferry, Wilsonville, Oregon 97070
Oklahoma: Route 2, Box 208A, Bartlesville, OK 74003
Delaware Valley: 1155 Goodman Drive, Fort Washington, Pennsylvania 19034
Texas: PO Box 42211, Houston, TX 77042
Ontario, Kanada: 189-1951 Rathburn Road, Missauga, Ontario L4W 2N9.

Unabhängige Corvette-Clubs:

Cascade Corvette Club, PO Box 363, Eugene, Oregon 97440
Corvettes Unlimited, 1120 Fairmont Avenue, Vineland, New Jersey 08360, USA
Crescent City Corvette Club, PO Box 50553, New Orleans, Louisiana 70150
Glass Favourites of Galesburg Corvette Club, PO Box 661, Galesburg, Illinois 61401
Miami Corvette Association, 450 W.Park Drive 105, Miami, Florida 33172
Miracle Strip Corvette Club, PO Box 654, Pensacola, Florida 32593
Sooner Corvette Club, 502 N
Forest, Jenks, Oklahoma 74037
Spindle City Corvettes, PO Box 1041, Lowell, Massachusetts 01852
Valley Corvettes Ltd., Rt 29 & Pine Street, Broadalbin, New York 12025.

Adressen im deutschsprachigen Raum

Corvette Club Germany e.V., c/o P. Wittlinger, Oberer Mühlweg 18, D-6550 Bad Kreuznach

Corvette-Club Berkheim, c/o Rainer Suss, Schulstr. 49, D-7300 Esslingen-Berkheim

Swiss Corvettes Club International, c/o Richard F. Knecht, Postfach 80, CH-5033 Buchs

Corvettes Unlimited Switzerland, c/o Rolf Arnet, Büttenenhalde 37, CH-6006 Luzern

Spezielle Corvette-Magazine und -Zeitschriften:

„Keepin Track of Corvettes“, PO Box 5400, Reno, Nevada 89513. Erscheint monatlich, Jahresabonnement 17 $.

Michael Bruce Associates, PO Box 396, Powell, Ohio 43065. Verschiedene Literatur zum Thema Corvette, auf Anfrage.

„Chevrolend Nues“, Drawer 720256, Sandy Springs, Georgia 30326. Speziell Chevrolet.

„Vette Vues“, Drawer A, Sandy Springs, Georgia 30328. Erscheint monatlich, ca. 80 % Kleinanzeigen zu Fahrzeugen, Teilen, Literatur, Modellspielzeug und Spezialbetrieben.

„Vette Super Shopper“, 60 Liberty Street, Newington, Connecticut 06111. Erscheint monatlich, enthält Kleinanzeigen und Veranstaltungshinweise. Jahresabonnement 8 $.

Corvette-Ersatzteile und Spezialbetriebe:

Antique Cars & Parts, 2nd and Broad Street, Millville, New Jersey 08332, Tel.: (609) 825-0200. An -und Verkauf von Fahrzeugen und Teilen.

Automotive Specialist, 601 Allegan Street, Plainwell, Michigan 49080, Tel.: (616) 685-8001/8286. Fiberglas-Karosserien, Innenausstattungen, Blechteile und Restaurierung.

Beard Auto Machine, 631 Pine Avenue, Albany, Georgia 31702, Tel.: (912) 436-8888. Restaurierung und Motorinsatndsetzung, spezialisiert auf ältere Modelle. Ersatzteilversand und Ladengeschäft.

Jerry L. Brewster, Route 2, Bastrop, Louisiana 71220, Tel.: (318) 281-2371. Teile, Literatur, An- und Verkauf von Fahrzeugen. Vertrieb von Corvette-Bedienungsanleitungen 1953-1976 (Nachdrucke).

Geoff Coenen, 301 Charles Street, Bridgeport, Connecticut 06606. Servobremsanlagen für Baujahre 1963 bis 1967, Neuanfertigung automatischer Verdecke für Baujahre 1956 bis 1962.

Corvette Center, Routes 6 & 44A, Bolton, Connecticut 06040, Tel.: (203) 646-1040/8292. Teile, Wartung, Restaurierung und Lackierungen.

Corvette Enterprise Brokerage, 52 Van Houten Avenue, Passaic, New Jersey 07055, Tel.: (201) 472-7021. Händler mit bis zu 100 Fahrzeugen vorrätig, alle Modelle. Aktuelle Preisliste gegen frankierten Rückumschlag.

Corvette Specialties of Maryland, 3422 Pine Circle South, Westminster, Maryland 21157, Tel.: (800) 638-6450. Neu- und Gebrauchtteile, Neuanfertigungen, spezialisiert auf Überholung von Lenksäulen, Uhren, Instrumenten etc. Baujahre 1963-1967.

Corvette Specialties by Mid America, PO Box 1368, Effingham, Illinois 52401, Tel.: (217) 347-5591. Teile, Zubehör und Corvette-Verkauf. Katalog.

D&R Corvette, 3019 Alt 19, Palm Harbour, Florida 33563, Tel.: (800) 248-VETT, (813) 785-9890 in Florida. Teile, Restaurierung und Zubehör, Serie und Custom. Katalog.

M.F.Dobins, 3045 Pennypack Road, Hatboro, Pennsylvania 19040, Tel.: (215) 884-8057. Teile, Literatur und Restaurierung.

Eckhaus Motor Company, Route 1, Box 17-A, Hamilton, Virginia 22068, Tel.: (703) 338-2000. Händler mit mindestens 25 Fahrzeugen vorrätig.

Elmer's Auto Parts, 137 Donovan, Webster, New York 14580, Tel.: (716) 872-4402. Teile für alle Modelle.

Flatlander's, 1011 West 45th Street, Norfolk, Virginia 23508, Tel.: (804) 497-4948. Teile und Zubehör.

Greg's Corvettes, 676 Birch Drive, Euclid, Ohio 44132, Tel.: (216) 356-2411. Ersatzteilversand, neue Serien- und Performance-Teile aus Altbeständen, Gebrauchtteile.

Joe's Chevy Parts, PO Box 124, Lindenhurst, New York 11757, Tel.: (516) 226-9169. Gebrauchtteile-An- und Verkauf.

Rudy Koch, 37 Darlington Road RD4, Glen Mills, Pennsylvania 19342, Tel.: (215) 358-2346 (abends). Handbücher, nur Versand.

Long Island Corvette Supply, 415 Bayview Avenue, Amityville, New York 11701, Tel.: (516) 842-6367. Ersatzteilversand, Ladengeschäft.

Mar-K Specialized Manufacturing, 8022 Wilshire Court, Oklahoma City, Oklahoma 73132, Tel.: (405) 721-7945. Zubehör- und Ersatzteile aus rostfreiem Edelstahl.

Mr. Corvette Parts & Sales, 2850 Bacon's Bridge Road, Summerville, South Carolina 29843, Tel.: (803) 871-4043. Reproduktionen, Gebrauchtteile und Zubehör. Liquidationsbestände.

Muskegon Brake & Distributor Co., 848 East Broadway, Muskegon, Michigan 49444, Tel.: (616) 733-0847. Bremsen, Radaufhängungen und Federn.

Northwest Corvette Supply, PO Box 8162, Coburg, Oregon 97401, Tel.: (503) 995-8356. Innenausstattungen und Zubehör.

R.C.Corvette Parts, 720 E.Foothill Boulevard, Rialto, California 92376, Tel.: (714) 874-4181. Zubehör, Reproduktionen und Innenausstattungen, Katalog 1 $.

Mary Jo Rohner, 1039 W.South Park Avenue, Oshkosh, Wisconsin 54901, Tel.: (414) 231-2203. Einaufertige, überholte Gebrauchtteile.

Street Specialty Products, 871 N.Hanover Street, Pottstown, Pennsylvania 19464, Tel.: (215) 327-0152. Scheibenbremszangen, Türscharniere und Türgriff-Federn aus Edelstahl für Baujahre 1969 bis 1982. Bremsflüssigkeiten und Werkzeuge.

Unique Corvettes Inc., 2611 Middle Country Road, Centerreac, New York 11720, Tel.: (516) 588-9335. Teile, Restaurierung, speziell Fahrzeugmechanik, Verkauf älterer Modelle.

Zip Products Inc., 1250 Commercial Centre, Mechanicsville, Virginia 23111, Tel.: (804) 746-2290. Reproduktionen, Neuteile aus Altbeständen. Rohrteile für alle Baujahre.

Meilensteine der Corvette-Entwicklung 1955 bis 1988

1953 Erstes Corvette-Modell vorgestellt, Zora Arkus-Duntov stößt zu Chevrolet.
1954 Beginn der Entwicklungsarbeiten am ohv-V8-Motor.
1955 Eine von Duntov präparierte Corvette erreicht in Daytona Beach, Florida, über 240 km/h.
1956 Erste stilistische Überarbeitung und Einführung der „Zweiten Generation"; Hardtop gegen Aufpreis erhältlich.
1957 Einspritz-Version des 283-cid-„Small-Block"-V8 entwickelt 1 PS pro Kubikzoll Hubraum; „Positraction"-Sperrdifferential mit Übersetzungsverhältnis 3,70, 4,11 oder 4,56:1 gegen Aufpreis erhältlich; „Heavy Duty"-Federung angeboten; Fünf 283-cid-Motorversionen mit 245 bis 283 PS Leistung im Angebot.
1958 Erstes Jahr der AMA-Resolution gegen offizielle Beteilung von Werksteams im Rennsport; Corvette-Topmodell leistet 290 PS.
1959 Metallische Bremsbeläge angeboten.
1960 Erstmals Leichtmetall-Zylinderköpfe und -Kühler angeboten; stärkste Motorversion entwickelt dank Benzineinspritzung 315 PS.
1961 Aluminium-Kühler serienmäßig; Spezial-Auspuffanlage mit geringerem Staudruck ohne Aufpreis erhältlich.
1962 Neuer 327-cid-Motor leistet bis zu 360 PS.
1963 Dritte Design-Generation vorgestellt mit Sting-Ray-„Split Window"-Coupé und Cabriolet; Sintermetall-Bremsbeläge gegen Aufpreis; offene Sport-Auspuffanlage angeboten; RPO-Z06-Kit (nur für Coupés) erhältlich.
1964 Einteilige Heckscheibe ersetzt „Split Window" beim Sting Ray Coupé; stärkste Motorversion leistet 375 PS; Transistorzündung angeboten.
1965 Scheibenbremsen rundum serienmäßig; eng gestuftes „M22"-Viergangetriebe gegen Aufpreis; Sicherheitslenksäule angeboten.
1966 Stärkste Motorversion „Turbo-Jet"-427-cid-V8 leistet 425 PS; keine Einspritz-Version mehr angeboten.
1967 Felgenbreite auf 6 Zoll vergrößert; stärkste Motorversion leistet 435 PS.
1968 Vierte Design-Generation vorgestellt, Bezeichnung „Sting Ray" vorübergehend nicht verwendet; Felgenbreite auf 7 Zoll vergrößert; „Turbo-Hydramatic"-Automatikgetriebe gegen Aufpreis.
1969 350-cid-V8 eingeführt, Bezeichnung „Stingray" (in einem Wort) wieder verwendet; Felgenbreite auf 8 Zoll vergrößert; Lenkradschloß serienmäßig, Lenkraddurchmesser auf 15 Zoll verkleinert.
1970 „Turbo-Jet"-454-cid-Motor eingeführt, stärkste Version („LS5") leistet 390 PS, LS7-Motorversion für Sportzwecke mit 460 PS erhältlich; „Small-Block"-Motor nun mit 450 cid Hubraum.
1971 ZR1-Sportkit in Verbindung mit 330 PS starkem 350-cid-V8 erhältlich; ZR2-Kit auf Wunsch mit 425 PS starkem 454-cid-V8.
1972 Motorleistung nun in SAE-PS netto anstatt SAE-PS brutto angegeben; stärkste Motorversion (LS5) mit 454 cid Hubraum und 270 PS, Diebstahlsicherung mit Alarmanlage serienmäßig.
1973 Energieverzehrende Stoßfänger vorne eingeführt; Coupé-Heckscheibe fest; LT1-Motorversion nicht mehr angeboten; L82-Motorversion leistet 270 PS, stärkste Version (LS4) leistet 275 PS aus 454 cid Hubraum.
1974 Zweirohr-Auspuffanlage letztmalig angeboten; neugestaltete Heckpartie fungiert als „8-km/h-Stoßfänger".
1975 Abgaskatalysator serienmäßig. Letztes Jahr der Cabriolet-Version; einzige Alternative zur Standardmotorisierung ist die Version L82 mit 205 PS, Hochleistungszündung eingeführt.
1976 L82-Motorversion leistet 210 PS; Leichtmetallräder angeboten.
1977 Ledersitze serienmäßig; Scheibenwischer, -wascher und Scheinwerferbetätigung über Kombi-Lenkradhebel; Servolenkung und -bremsen serienmäßig.
1978 Kleinere Styling-Retuschen, darunter Glas-Fließheck; Sondermodelle „Silver Anniversary" und „Indy Pace Car" angeboten; Scheibenwischer-Betätigungsschalter wieder am Armaturenbrett; L82-Motorversion leistet 220 PS.
1979 Radialreifen der Serie 60 angeboten; L82-Motorversion leistet 225 PS; neue Schalensitze serienmäßig (1978 erstmals im „Indy Pace Car" eingebaut).
1980 „Aerovette" geht nicht in Produktion; Karosserie durch integrierte Front- und Heckspoiler aufgewertet; 305-cid-„California"-Motor eingeführt, nur in Kalifornien erhältlich; Fahrzeuggewicht um 113 kg verringert.
1981 Neue fiberglasverstärkte Blattfeder an der Hinterachse für Automatik-Versionen eingeführt; dünnwandigere Seitenscheiben, Edelstahl-Auspuffanlage, Innenausstattung aus leichteren Materialien zur weiteren Gewichtsreduzierung; Quarzuhr und sechsfache elektrische Sitzverstellung serienmäßig.
1982 Antriebsstrang der 84er Modelle eingeführt; L83-Motorversion mit Doppel-Drosselklappeneinspritzung (TBI), „Cross-Fire Injection" genannt. Einzig erhältliche Kraftübertragung ist das Viergang-Automatikgetriebe mit Overdrive. „Collector Edition"-Sondermodell mit aufklappbarer Heckscheibe.
1983 Vorstellung der fünften Corvette-Design-Generation, 250 mm kürzer, 230 — 270 kg leichter, mit glattflächigerer, aerodynamischer Karosserie, größeren Glasflächen, Leichtmetallrädern und Niederquerschnittsreifen.
1986 Wiederauferstehung des Corvette-Cabriolets mit 7264 produzierten Einheiten im ersten Modelljahr. Umfangreiche Karosserie- und Chassisverstärkungen; ähnliche Versteifungsarbeiten für die Coupé-Versionen ab 1987; Z51-Fahrwerkskit nicht mehr angeboten.
1987 Neuer, deutlich verbesserter Fahrwerkskit RPO Z52 eingeführt. Seit 1969 erstmals wieder über 10 000 Cabriolets produziert.

Technische Daten und wichtige Sonderausstattungen

1953
Motor: ohv-Sechszylinder, Grauguß, Hubraum 235,5 cid. (3859 ccm), Bohrung x Hub 92,7 x 99,8 mm, Verdichtungsverhältnis 8:1, Leistung 150 bhp bei 4200 U/min.
Fahrwerk: Leiterrahmen aus Rechteckprofilen. Vorne Einzelradaufhängung an Querlenkern und Schraubenfedern, hinten Starrachse an Blattfedern. Radstand 2591 mm, Länge 4242 mm, Spurweite vorne/hinten 1448/1498 mm, Reifengröße 6.70 x 15".
Kraftübertragung: „Powerglide"-Zweigang-Getriebeautomatik mit Mittelwählhebel.
Sonderzubehör: MW-Radio mit Sendersuchlauf 145 $, Heizung/Lüftung mit Gebläse 91 $, Weißwandreifen 25 $.

1954
Motor: Wie 1953, jedoch Leistung 155 bhp durch neue Nockenwelle ab Jahresmitte.
Fahrwerk: Wie 1953.
Sonderzubehör: Wie 1953, zusätzlich Scheibenwaschanlage 12 $ und Handbremswarnleuchte 6 $.

1955
Motor: Wie 1954, jedoch nur noch wenige Fahrzeuge mit Sechszylinder-Motoren verkauft. Die meisten Corvette dieses Jahrgangs wurden (gegen 135 $ Aufpreis) mit einem V8-Motor ausgerüstet, Hubraum 265 cid (4343 ccm), Bohrung x Hub 95,25 x 76,2 mm, Verdichtungsverhältnis 8:1, Leistung 195 bhp bei 5000 U/min.
Fahrwerk: Wie 1953.
Sonderzubehör: Wie 1954.

1956
Motor: ohv-Achtzylinder in V-Form, Grauguß, Hubraum 265 cid (4343 ccm), Bohrung x Hub 95,25 x 76,2 mm, Verdichtungsverhältnis 9,25:1, Leistung 210 bhp bei 5200 U/min (225 bhp 175 $, 240 bhp 160 $ Aufpreis)
Fahrwerk: Radstand 2591 mm, Länge 4267 mm, Spurweite vorne/hinten 1448/1498 mm, Reifengröße 6.70 x 15".
Sonderzubehör: Elektrische Verdeckbetätigung 100 $, elektrische Fensterheber 60 $, Scheibenwaschanlage 11 $, abnehmbares Hardtop 200 $, MW-Radio mit Sendersuchlauf 185 $, Heizung/Lüftung mit Gebläse 115 $, Weißwandreifen 25 $.

1957
Motor: ohv-Achtzylinder in V-Form, Grauguß, Hubraum 283 cid (4638 ccm), Bohrung x Hub 98,3 x 76,2 mm, Verdichtungsverhältnis 9,5: 1, Leistung 220 bhp bei 4800 U/min (245 bhp 140 $, 270 bhp 170 $, 250 bhp 450 $, Kraftstoffeinspritzung 283 PS 450 $, bzw. 675 $ Aufpreis mit Kaltluft-Ansaugleitung).
Fahrwerk: Wie 1956, jedoch „Positraction"-Sperrdifferential 45 $ und Sportfahrwerkskit 725 $ Aufpreis.
Kraftübertragung: Dreigang-Schaltgetriebe (Getriebeautomatik 175 $, Viergang-Schaltgetriebe 188 $ Aufpreis).
Sonderzubehör: MW-Radio mit Sendersuchlauf 185 $, abnehmbares Hardtop 215 $, elektrische Verdeckbetätigung 130 $, Innenbeleuchtung 8 $, Laufräder 15 x 5.5" 14 $, Heizung/Lüftung mit Gebläse 118 $, Scheibenwaschanlage 12 $, Handbremswarnleuchte 5 $, Weißwandreifen 32 $, Zweivergaser-Anlage 151 $, Zweifarbenlackierung 19 $, „Motorola"-Radio 125 $, elektrische Fensterheber 55 $.

1958
Motor: Wie 1957, jedoch Leistung 230 bhp bei 4800 U/min (245 bhp 150 $, Einspritzung 250 bhp 484 $ und 290 bhp 484 $ Aufpreis).
Fahrgestell: Radstand 2591 mm, Länge 4501 mm, Spurweite vorne/hinten 1448/1498 mm, Reifengröße 6.70 x 15". „Positraction"-Sperrdifferential 48 $, verstärkte Bremsen und Federn 780 $, Hinterachsübersetzung wahlweise 3,70, 4,11 und 4,56:1.
Kraftübertragung: Dreigang-Schaltgetriebe („Powerglide"-Automatik 188 $, Viergang-Schaltgetriebe 215 $).
Sonderzubehör: Elektrische Verdeckbetätigung 140 $, Heizung/Lüftung mit Gebläse 97 $, farblich abgesetzte Karosserieflanken 16 $, abnehmbares Hardtop 215 $, MW-Radio mit Sendersuchlauf 144 $, elektrische Fensterheber 59 $, Laufräder 15 x 5.5" ohne Aufpreis, Scheibenwaschanlage 16 $, Weißwandreifen 32 $, Innenbeleuchtung 6 $, Handbremswarnleuchte 5 $.

1959
Motor: Wie 1958 (245 bhp 151 $, 270 bhp 183 $, Einspritzung 250 bhp 484 $ und 290 bhp 484 $ Aufpreis).
Fahrwerk: Wie 1958 („Positraction" 48 $, verstärkte Bremsen und Federn 425 $).
Kraftübertragung: Wie 1958.
Sonderzubehör: Elektrische Verdeckbetätigung 140 $, Scheibenwaschanlage 16 $, Transistorradio 150 $, verbesserte Heizung 102 $, Zweifarbenlackierung 16 $, elektrische Fensterheber 59 $, Innenbeleuchtung 6 $, Handbremswarnleuchte 5 $, Sonnenblenden 11 $, Laufräder 15 x 5.5" ohne Aufpreis, abnehmbares Hardtop 237 $.

1960
Motor: Wie 1959, jedoch Verdichtungsverhältnis 9,25:1 (245 bhp 151 $, 270 bhp 183 $, Einspritzung 275/315 bhp 484 $ Aufpreis).
Fahrwerk: Wie 1959 („Positraction" 43 $, verstärkte Bremsen und Federn 333 $ Aufpreis), Hinterachsübersetzungen 3,70, 4,11 und 4,56:1.

Kraftübertragung: Dreigang-Schaltgetriebe (Automatik 199 $, Viergang-Schaltgetriebe 188 $ Aufpreis).
Sonderzubehör: Elektrische Verdeckbetätigung 140 $, Scheibenwaschanlage 16 $, Transistorradio mit Sendersuchlauf 138 $, verbesserte Heizung 102 $, abnehmbares Hardtop 237 $, Zweifarbenlackierung 16 $, elektrische Fensterheber 60 $, Weißwandreifen 32 $, Innenbeleuchtung 6 $, Handbremswarnleuchte 5 $, Sonnenblenden 11 $, Laufräder 15 x 5.5" ohne Aufpreis.

1961
Motor: Wie 1960, jedoch Verdichtungsverhältnis 9,5:1 (245 bhp 151 $, 270 bhp 183 $, Einspritzung 275/315 bhp 484 $ Aufpreis).
Fahrwerk: Wie 1959 (Ausstattungspakete wie 1959, zusätzlich metallische Bremsbeläge 38 $ Aufpreis)
Kraftübertragung: Wie 1960.
Sonderzubehör: Elektrische Verdeckbetätigung 161 $, Scheibenwaschanlage 16 $, Transistorradio mit Sendersuchlauf 138 $, verbesserte Heizung 102 $, abnehmbares Hardtop 237 $, Zweifarbenlackierung 16 $, elektrische Fensterheber 59 $, Weißwandreifen 32 $, Nylon-Gürtelreifen (schwarz) 5 $, geschlossene Kurbelgehäuseentlüftung 5 $, 90-Liter-Kraftstofftank 161 $, Laufräder 15 x 5.5" ohne Aufpreis.

1962
Motor: ohv-Achtzylinder in V-Form, Grauguß, Hubraum 327 cid (5359 ccm), Bohrung x Hub 101,6 x 82,5 mm, Verdichtungsverhältnis 10,5:1, Leistung 250 bhp bei 4400 U/min (300 bhp 54 $, 340 bhp 108 $, Einspritzung 360 bhp 484 $ Aufpreis).
Fahrwerk: Wie 1961, Sport-Auspuffanlage mit geringerem Staudruck ohne Aufpreis, metallische Bremsbeläge 38 $, „Positraction" 43 $, verstärkte Bremsen und Federn 333 $ Aufpreis.
Kraftübertragung: Dreigang-Schaltgetriebe (Automatik 199 $, Viergang-Schaltgetriebe 188 $ Aufpreis).

1963
Motor: Wie 1962 (Einspritzung 360 bhp 430 $ Aufpreis).
Fahrwerk: Stahl-Skelettrahmen, Einzelradaufhängung vorne und hinten; Dreigelenk-Hinterachse mit Rohrquerlenkern und Längslenkern, zweifach geteilte Antriebswellen, querliegende Blattfeder. Radstand 2489 mm, Länge 4450 mm, Spurweite vorne/hinten 1443/1463 mm, Reifengröße 6.70 x 15". Sintermetall-Bremsbeläge 38 $, Sportauspuffanlage (nicht für den Straßenverkehr zugelassen) 38 $, Sportpaket RPO Z06 für Coupé (umfaßt Leichtmetallräder mit Zentralverschluß, „Positraction", Vierganggetriebe, 360 bhp Leistung) 1818 $, „Positraction" 43 $ Aufpreis. Hinterachsübersetzung wahlweise 3,08, 3,36, 3,55, 3,70, 4,11 oder 4,56:1.
Kraftübertragung: Dreigang-Schaltgetriebe (Automatik 199 $, Viergang-Schaltgetriebe 188 $ Aufpreis).
Sonderzubehör: Bremskraftverstärker 43 $, Servolenkung 73 $, Klimaanlage 422 $, Hardtop 237 $, Transistorradio mit Sendersuchlauf 138 $, elektrische Fensterheber 60 $, Weißwandreifen 32 $, Nylon-Gürtelreifen (schwarz) 16 $, verstärkte Bremsen mit Metallbelägen 38 $, „Sebring Silver"-Lackierung 81 $, Holzlenkrad 15 $, Leichtmetallräder mit Zentralverschluß 323 $, UKW/MW-Radio 174 $, getönte Windschutzscheibe 11 $, getönte Scheiben 16 $, Ledersitze 81 $.

1964
Motor: Wie 1963 (300 bhp 54 $, 365 bhp 108 und Einspritzung 365 bhp 538 $ Aufpreis).
Fahrwerk: Wie 1963.
Kraftübertragung: Wie 1963.
Sonderzubehör: Wie 1963, zusätzlich 136-Liter-Kraftstofftank für Coupé 202 $, Rückfahrscheinwerfer 11 $.

1965
Motor: Wie 1963 (andere 327-cid-Motoren: 300 bhp 54 $, 350 bhp 108 $, 365 bhp 129 $, Einspritzung 375 bhp 538 $; 396-cid-L78 mit 425 bhp 292 $ Aufpreis).
Fahrwerk: Wie 1963, jedoch Serienbereifung 7.75 x 15", Scheibenbremsen serienmäßig, Spezialfedern und -dämpfer vorne und hinten 38 $, „Positraction" 43 $, seitlich verlegte Auspuffanlage 135 $ Aufpreis.
Kraftübertragung: Wie 1963 (enger gestuftes Viergang-Sportgetriebe 237 $ Aufpreis). Sonderzubehör: Wie 1963, zusätzlich Teakholz-Lenkrad 48 $, UKW/MW-Radio mit elektrischer Antenne 237 $, Reifen mit goldenem Flankenstreifen 51 $, Sicherheitslenksäule 43 $.

1966
Motor: Wie 1963, jedoch Leistung 300 bhp bei 5000 U/min (350 bhp 105 $, 427-cid-L39 mit 390 bhp 181 $, 427-cid-L72 mit 425 bhp 312 $, Transistorzündung 73 $ Aufpreis). Keine Einspritzer-Version.
Fahrwerk: Wie 1965.
Kraftübertragung: Wie 1965.
Sonderzubehör: Wie 1965, zusätzlich Warnblinkanlage 12 $.

1967
Motor: Wie 1966 (350 bhp 105 $, 427-cid-L36 mit 390 bhp 200 $, 427-cid-L68 mit 400 bhp 306 $, Leichtmetall-Zylinderköpfe für L71 368 $ Aufpreis).
Fahrwerk: Wie 1965. Hinterachsübersetzung wahlweise 3,08, 3,36, 3,55, 3,70 oder 4,11:1.
Kraftübertragung: Wie 1965.
Sonderzubehör: Bremskraftverstärker 42 $, Servolenkung 95 $, Klimaanlage 413 $, Sicherheitsgurte 26 $, 136-Liter-Kraftstofftank für Coupé 198 $, getönte Scheiben 16 $, getönte Windschutzscheibe 11 $, Nackenstützen 42 $, Heizung/Lüftung mit Gebläse 98 $, elektrische Fensterheber 58 $, UKW/MW-Radio 173 $, schwarzes Vinyldach 53 $, Leder-Innenausstattung 79 $, Geschwindigkeits-Warnleuchte 11 $, Sicherheitslenksäule 42 $, 4-Ply-Weißwandreifen 31 $, Nylon-Gürtelreifen mit rotem Flankenstreifen 47 $, Hardtop 231 $.

1968
Motor: Wie 1967.
Fahrwerk: Wie 1967, Radstand 2489 mm, Länge 4635 mm, Spurweite vorne/hinten 1491/1509 mm, Reifengröße F70 — 15. Hinterachsübersetzung wahlweise 2,73, 3,08, 3,36, 3,55 oder 4,11:1.

Kraftübertragung: Wie 1967 (Sportgetriebe 263 $, „Turbo-Hydra-matic" 226 $ Aufpreis).
Sonderzubehör: Bremskraftverstärker 42 $, Servolenkung 95 $, Klimaanlage 413 $, Sicherheitsgurte 25 $, heizbare Heckscheibe 32 $, getönte Scheiben 16 $, getönte Windschutzscheibe 11 $, Nackenstützen 42 $, verstärkte Servobremsen 384 $, elektrische Fensterheber 58 $, UKW/MW-Radio 173 $, Stereo-Radio 278 $, schwarzes Vinyldach 53 $, Ledersitze 79 $, Geschwindigkeits-Warnleuchte 11 $, verstellbares Lenkrad 42 $, abnehmbares Hardtop 232 $, Zierfelgen 58 $, Reifen F70 — 15 mit rotem Flankenstreifen 31 $, mit weißem Flankenstreifen 32 $, Alarmanlage 26 $.

1969
Motor: ohv-Achtzylinder in V-Form, Hubraum 350 cid (5736 ccm), Bohrung x Hub 101,6 x 88,4 mm, Verdichtungsverhältnis 10,25:1, Leistung 300 bhp bei 4800 U/min (427-cid-L36 mit 400 bhp 326 $, 427-cid-L71 mit 435 bhp 437 $, 427-cid-L89 mit 435 bhp und Leichtmetall-Zylinderköpfen 832 $ Aufpreis).
Fahrwerk: Wie 1968, Lenkradschloß serienmäßig.
Kraftübertragung: Wie 1968 (verstärktes Sportgetriebe 290 $ Aufpreis).
Sonderzubehör: Wie 1968.

1970
Motor: Wie 1969 (350 bhp 158 $, 350-cid-LT1 mit 370 bhp 448 $, 454-cid-LS5 mit 390 bhp 290 $, 454-cid-LS7 mit 460 bhp 3000 $, Transistorzündung 64 $ Aufpreis).
Fahrwerk: Wie 1969 (Fahrwerkskit 29 $, „Positraction" 12 $, verstärkte Kupplung 63 $ Aufpreis), Hinterachsübersetzung wahlweise 2,73, 3,08, 3,36, 3,55, 4,11 oder 4,56:1.
Kraftübertragung: Viergang-Schaltgetriebe (Automatik, enger gestuftes Viergang-Schaltgetriebe ohne Aufpreis, verstärktes Sportgetriebe 95 $ Aufpreis).
Sonderzubehör: Wie 1969.

1971
Motor: ohv-Achtzylinder in V-Form, Grauguß, Hubraum 350 cid (5736 ccm), Bohrung x Hub 101,6 x 88,39 mm, Verdichtungsverhältnis 8,5:1, Leistung 270 bhp bei 4800 U/min (350 bhp 483 $, 454-cid-LS5 mit 365 bhp 295 $, 454-cid-LS6 mit 425 bhp 1221 $ Aufpreis).
Fahrwerk: Wie 1969 (ZR1-Sportkit: verstärkte Bremsen, eng gestuftes Viergganggetriebe, Querstabilisator vorne, Spezialfedern und -dämpfer, Transistorzündung und LT1-Motor 1010 $; ZR2: Wie ZR1, jedoch LS6-Motor 1747 $), seitlich montierte Auspuffanlage 117 $ Aufpreis.
Kraftübertragung: Wie 1970 (verstärktes Sportgetriebe 100 $ Aufpreis).
Sonderzubehör: Bremskraftverstärker 48 $, Servolenkung 116 $, Klimaanlage 465 $, Alarmanlage 32 $, verstärkte Fahrzeugbatterie 16 $, Sicherheitsgurte 42 $, heizbare Heckscheibe 42 $, UKW/MW-Radio 178 $, Stereo-Radio 283 $, schwarzes Vinyldach 63 $, Sicherheitslenksäule 84 $, Reifen mit weißem Flankenstreifen 30 $, Reifen mit weißer Schrift 44 $, „Custom"-Innenausstattung 158 $, „Custom"-Zierfelgen 158 $, elektrische Fensterheber 85 $.

1972
Motor: Wie 1971, jedoch Leistung 200 bhp bei 5500 U/min (255 bhp 483 $, 454-cid-LS5 mit 270 bhp 295 $ Aufpreis).
Fahrwerk: Wie 1969. ZR1-Paket in Verbindung mit 255-bhp-Version 1010 $ Aufpreis.
Kraftübertragung: Wie 1971. Automatikgetriebe ohne Aufpreis in Verbindung mit Standard-Motor, mit anderen 97 $ Aufpreis, nicht erhältlich mit 454-cid-Motoren; eng gestuftes Viergang-Schaltgetriebe ohne Aufpreis.
Sonderzubehör: Wie 1971, jedoch Alarmanlage serienmäßig.

1973
Motor: Wie 1972, jedoch Leistung 190 bhp (netto) bei 4400 U/min (250 bhp 299 $, 454-cid-LS4 mit 275 bhp 250 $ Aufpreis).
Fahrwerk: Wie 1972, jedoch mit energieverzehrendem Kunststoff-Stoßfänger vorne. Fahrwerks- und Bremsenkit 369 $ Aufpreis.
Kraftübertragung: Wie 1972.
Sonderzubehör: Wie 1972, zusätzlich Leichtmetallräder mit Fünfpunkt-Befestigung 175 $.

1974
Motor: ohv-Achtzylinder in V-Form, Grauguß, Hubraum 350 cid (5736 ccm), Bohrung x Hub 101,6 x 88,39 mm, Verdichtungsverhältnis 9:1, Leistung 250 bhp bei 5200 U/min (250 bhp 299 $, 454-cid-LS4 mit 270 bhp 250 $ Aufpreis).
Fahrwerk: Radstand 2489 mm, Länge 4712 mm, Reifengröße GR70 — 15 (Sportfahrwerk und verstärkte Bremsen 400 $, Gymkhana-Fahrwerkskit 7 $ Aufpreis).
Kraftübertragung: Wie 1973.
Sonderzubehör: Bremskraftverstärker 49 $, Servolenkung 117 $, Klimaanlage 467 $, „Custom"-Innenausstattung 154 $, elektrische Fensterheber 83 $, Sicherheitsgurte 41 $, abnehmbares Hardtop 267 $, Vinyl-Hardtop 329 $, heizbare Heckscheibe 41 $, Radialreifen mit weißem Flankenstreifen 32 $, Radialreifen mit weißer Schrift 45 $, Doppeltonhorn 4 $, UKW/MW-Stereo-Radio 276 $, UKW/MW-Radio 173 $, verstärkte Fahrzeugbatterie 15 $, Leseleuchte 5 $, Leichtmetall-Zierfelgen 175 $.

1975
Motor: Wie 1974, jedoch Verdichtungsverhältnis 8,5:1, Leistung 165 bhp bei 3800 U/min, Abgaskatalysator, Hochleistungszündung (205 bhp 335 $ Aufpreis).
Fahrwerk: Wie 1974; kein Fahrwerkskit erhältlich.
Kraftübertragung: Wie 1974.
Sonderzubehör: Wie 1974, keine Leichtmetall-Zierfelgen erhältlich.

1976
Motor: Wie 1975, jedoch Leistung 185 bhp (220 bhp 335 $ Aufpreis).
Fahrwerk: Wie 1975.
Kraftübertragung: Wie 1975.
Sonderzubehör: Wie 1975, zusätzlich Leichtmetallräder 321 $.

1977
Motor: Wie 1976 (210 bhp 495 $ Aufpreis).
Fahrwerk: Wie 1976, jedoch Reifengröße GR70 — 15B.
Kraftübertragung: Wie 1976.

Sonderzubehör: UKW/MW-Stereo-Radio 281 $, mit Cassettenteil 414 $, Leichtmetallräder 321 $, elektrische Fensterheber 100 $, Glasdacheinsatz 200 $, Tempomat, verstellbare Lenksäule 165 $, Klimaanlage 450 $ (Ledersitze, Servolenkung und Bremskraftverstärker serienmäßig).

1978
Motor: Wie 1977 (220 bhp 525 $ Aufpreis).
Fahrwerk: Wie 1977.
Kraftübertragung: Wie 1977.
Sonderzubehör: UKW/MW-Stereo-Radio 220 $, mit Cassettenteil 439 $, mit CB-Funk 525 $, Leichtmetallräder 345 $, verstellbare Lenksäule 178 $, Glasdacheinsatz 349 $, Klimaanlage 450 $, außerdem elektrische Fensterheber, heizbare Heckscheibe, Tempomat und Zentralverriegelung.

1979
Motor: Wie 1978, jedoch Leistung 195 bhp (225 bhp 595 $ Aufpreis).
Fahrwerk: Wie 1978.
Kraftübertragung: Wie 1978.
Sonderzubehör: Wie 1978.

1980
Motor: Wie 1979 (230 bhp 595 $ Aufpreis), außerdem ohv-Achtzylinder in V-Form, Hubraum 305 cid (4999 ccm), Bohrung x Hub 94,74 x 88,4 mm, Leistung 180 bhp für Kalifornien.
Fahrwerk: Wie 1979.
Kraftübertragung: Wie 1979.
Sonderzubehör: Wie 1979.

1981
Motor: Wie 1980.
Fahrwerk: Wie 1980, fiberglasverstärkte Blattfeder hinten für Automatik-Versionen.
Kraftübertragung: Wie 1980.
Sonderzubehör: Wie 1978, zusätzlich Dachgepäckträger 144 $.

1982
Motor: ohv-Achtzylinder in V-Form, Kraftstoffeinspritzung („Cross-Fire Injection"), Hubraum 350 cid (5736 ccm), Bohrung x Hub 101,6 x 88,4 mm, Leistung 200 bhp bei 4300 U/min.
Fahrwerk: Wie 1981.
Kraftübertragung: Nur Dreigang-Automatikgetriebe.
Sonderzubehör: Leichtmetallräder 458 $, elektrische Sitzverstellung 197 $, Zentralverriegelung 155 $, Gepäckträger 144 $, Tempomat 165 $, herausnehmbare Dacheinsätze 443 $, Sonderlackierung 438 $, außerdem heizbare Heckscheibe, UKW/MW-Stereo-Radio mit Cassettenteil und/oder CB-Funk.

1984
Motor: ohv-Achtzylinder in V-Form, Hubraum 350 cid (5736 ccm), Bohrung x Hub 101,6 x 88,4 mm, Leistung 205 bhp bei 4300 U/min.
Fahrwerk: Doppelquerlenker-Vorderachse mit ungleich langen Dreieckslenkern, querliegende Fiberglas-Blattfeder, Teleskopstoßdämpfer und Querstabilisator, Fünfgelenk-Hinterachse mit doppelten Längslenkern, querliegende Fiberglas-Blattfeder, Teleskopstoßdämpfer und Stabilisator. Innenbelüftete Scheibenbremsen mit 292 mm Durchmesser vorne und hinten, Bremskraftverstärker, 15-Zoll-Leichtmetallräder (16 Zoll gegen Aufpreis), servounterstützte Zahnstangenlenkung mit Übersetzungsverhältnis 13:1 (zwei Lenkradumdrehungen von Anschlag zu Anschlag). Radstand 2438 mm, Länge 4483 mm, Breite 1803 mm, Höhe 1191 mm.
Kraftübertragung: Viergang-Schaltgetriebe mit computergesteuertem Overdrive.
Sonderzubehör: Außer üblichem Corvette-Zubehör von innen elektrisch verstellbare Außenspiegel, Z51-Fahrwerkspaket (umfaßt stärkere Federn und Dämpfer, Leichtmetall-Antriebswellen und 16-Zoll-Laufräder). Basispreis in den USA 24 000 $ ab Detroit.

1985
Motor: Leistung 230 bhp bei 4000 U/min; neues Kühlsystem; GM-„Tuned Port"-Mehrdüsen-Kraftstoffeinspritzung.
Fahrwerk: Leichtmetallräder mit 9.5" Felgenbreite vorne und hinten; Delco-Bilstein-Gasdruckstoßdämpfer. Differential der Schaltgetriebe-Versionen mit verstärktem Tellerrad mit 216 mm Durchmesser.

1986
Fahrwerk: Cabriolet-Version auf verstärktem Coupé-Chassis. Felgenbreite 9.5", niedrigerer Reifenluftdruck empfohlen; 10 mm mehr Bodenfreiheit; Delco-Gasdruckstoßdämpfer.

1987
Motor: Leistung 240 bhp bei 4000 U/min, Verdichtungsverhältnis 9,5:1, maximales Drehmoment 460 Nm bei 3200 U/min; Rollenstößel, neue Ventildeckel mit Versteifungsrippe, neue Zündkerzenanordnung.

Fahrgestellnummern, Produktionszahlen, Gewichte und Grundpreise

Jahr	Modell	Code	Fahrgestellnummer von	bis	Produktion	Gewicht (kg)	Preis ($)
1953	alle	E53F	-001001	-001300	300	1228	3513
1954	alle	E54S	-001001	-004640	3640	1228	3523
1955	6-Zyl.	E55S	-001001	-001700	6	1203	2799
	V8	E55S			668	1189	2934
1956	alle	E56S	-001001	-004467	3388	1255	3149
1957	alle	E57S	-100001	-106339	6246	1239	3465
1958	alle	J58S	-100001	-109168	9168	1268	3631
1959	alle	J59S	-100001	-109670	9670	1289	3875
1960	alle	00867S	-100001	-110261	10261	1289	3872
1961	alle	10867S	-100001	-110939	10939	1319	3934
1962	alle	20867S	-100001	-114531	14531	1328	4038
1963	Coupé	30837S	-100001	-121513	10594	1298	4252
	Cabrio	30867S			10919	1308	4037
1964	Coupé	40837S	-100001	-122229	8304	1344	4252
	Cabrio	40867S			13925	1337	4037
1965	Coupé	194375S	-100001	-123562	8186	1350	4321
	Cabrio	194675S			15372	1355	4106
1966	Coupé	194376S	-100001	-127720	9958	1355	4295
	Cabrio	194676S			17762	1364	4084
1967	Coupé	194377S	-100001	-122940	8504	1362	4353
	Cabrio	194677S			14436	1371	4141
1968	Coupé	194378S	-400001	-428566	9936	1387	4663
	Cabrio	194678S			18630	1391	4320
1969	Coupé	194379S	-700001	-738762	22154	1425	4781
	Cabrio	194679S			16608	1428	4438
1970	Coupé	194370S	-400001	-417316	10668	1445	5192
	Cabrio	194670S			6648	1451	4849
1971	Coupé	194371S	-100001	-121801	14680	1431	5536
	Cabrio	194671S			7121	1438	5299
1972*	Coupé	1Z37K2S	-500001	-520486	20486	1459	5472
	Cabrio	1Z67K2S	-500001	-506508	6508	1459	5246
1973	Coupé	1Z37K3S	-400001	-424372**	24372	1547	5921
	Cabrio	1Z67K3S	-400001	-406093**	6093	1547	5685
1974	Coupé	1Z37J4S	-400001	-432028	32028	1603	6372
	Cabrio	1Z67J4S	-400001	-405474	5474	1603	6156
1975	Coupé	1Z37J5S	-400001	-433836	33836	1603	7117
	Cabrio	1Z67J5S	-400001	-404629	4629	1603	6857
1976	Coupé	1Z67J6S	-400001	-446558	46558	1564	7605
1977	Coupé	1Z67J7S	-100001	-149213	49213	1565	8648
1978	Coupé	1Z67J8S	-100001	-147667	47667	1544	9645
1979	Coupé	1Z67J9S	-400001	-453807	53807	1531	12313
1980	Coupé	*	-100001	-140614	40614	1455	13965
1981	Coupé	*	-100001	-145631	45631	1443	16259
1982	Coupé	*	-100001	-125407	25407	1467	18920
1984	Coupé	*	-100001	-151547	51547	1453	21800
1985	Coupé	*	-100001	-139729	39729	1449	24878
1986	Coupé	*	-100001	-127673	27673	1460	27502
	Cabrio	*	-100001	-107264	7264	1509	32507
1987	Coupé	*	-100001	-120007	20007	1453	28474
	Cabrio	*	-100001	-110625	10625	1509	33647
1988	Coupé	*	-100001	-n.a.	n.a.	n.a.	n.a.
	Cabrio	*	-100001	-n.a.	n.a.	n.a.	n.a.

* Das seit 1972 verwendete Codierungssystem läßt sich am leichtesten an einem Beispiel erklären, z.B. 1Z37K2S: 1 = Chevrolet Division; Z = Corvette; 37 = Coupé (67 = Cabriolet); K = Basismotor ("J" ab 1974, „Y" für 454-cid-Motoren); 2 = Modelljahrgang (1972); S = Werk St.Louis. Das ab 1980 verwendete System baut ähnlich auf:

1980: 1 (Modell) () A () 100001
1981: () G1 () Y87L B () 100001
1982: () G1 () (Modell) 8 C () 100001

Die Differenz zwischen der höchsten und der niedrigsten Fahrgestellnummernsequenz repräsentiert nicht immer automatisch die Produktionszahl, da im Werk nur die Anfangs- und Endnummern dokumentiert werden. In unserem Falle entspricht diese Differenz jedoch der Produktionszahl.

** Geschätzte Aufteilung anhand der Gesamtproduktionszahl 30.465

Die Fahrleistungen der einzelnen Corvette-Modelle

Lassen Sie mich an dieser Stelle meinen britischen „Collector's Guide"-Kollegen Graham Robson zitieren: „Werksangaben sind prinzipiell mit Vorsicht zu genießen. Dasselbe gilt für die in 'Spinnerheftchen' abgedruckten, oftmals sehr optimistischen Fahrleistungen." Dem ist eigentlich nichts hinzuzufügen, und so habe ich die nachstehend abgedruckten Daten mit der gebührendem Sorgfalt recherchiert. Wo immer es mir möglich war, habe ich auf die Angaben des renommierten Magazins „Road & Track" zurückgegriffen. Deren Tester stehen zwar in dem Ruf, ein „allzu zartes Gasfüßchen" zu haben, weil die von diesem Magazin ermittelten Fahrleistungen oftmals deutlich von denen der bunten Heftchen abweichen. Vielleicht haben die „Road & Track"-Tester aber auch nur ein wenig mehr Respekt vor fremden Fahrzeugen. Ich vergesse nie den Anblick eines von einem Konkurrenzblatt getesteten Triumph Stag: Irgendwie hatten es diese Kerls geschafft, das Chassis um volle 5 cm zu stauchen!

Die von mir getroffene Auswahl soll einen Überblick über die im Laufe der Jahre doch stark differierenden Fahrleistungen der Corvette bieten. In den Tabellen steht ein Stern (*) für Kraftstoffeinspritzung, zwei Sterne (**) für Automatikgetriebe. Ein nachgestelltes „g" bedeutet, daß der vorstehende Wert geschätzt ist – entweder von den Testern oder von mir (wenn beispielsweise im Originaltest die betreffende Beschleunigungszeit nicht aufgeführt war).

Die Werte der in Europa üblichen Elastizitätsmessungen fehlen leider größtenteils, da diese Messungen in den USA nicht unbedingt üblich sind. Ich wollte mich bei meiner Recherche auf wenige ausgesuchte Magazine konzentrieren, und zum Thema Corvette erschienen nun einmal die meisten Tests und Fahrberichte in amerikanischen Zeitschriften, die leider in den seltensten Fällen Elastizitätsmessungen durchführten.

Am Ende jeder Spalte finden Sie Monat, Jahr und Quelle des Originaltests, wobei die Abkürzungen MT (Motor Trend), R&T (Road & Track), SCI (Sports Car Illustrated), C/D (Car & Driver, Nachfolgemagazin von SCI), SCG (Sports Car Graphic) und CG (Consumer Guide New Car Annual) für die jeweilige Quelle stehen.

Die aufgenommenen Fahrzeugdaten umfassen den Hubraum in Kubikzoll (cid), weil sich diese Einheit in Corvette-Kreisen ohnehin eingebürgert hat — wer sich für den Hubraum in Litern interessiert, teilt den cid-Wert durch 61 (oder genauer: 1 cu.in. = 16,39 ccm). Die Motorleistung in amerikanischen Brems-PS (brake horse power = bhp) wurde bis einschließlich 1970 in SAE-Brutto (ohne Aggregate und Schalldämpfer an der Kurbelwelle), und nach diesem Modelljahr in SAE-Netto (mit allen Aggregaten, ähnlich DIN-PS) gemessen. Die Brutto-Werte liegen normalerweise weit über den auf einem Rollenprüfstand an den Hinterrädern ermittelten, die Netto-Werte ernüchternd darunter. Der Begriff „Achse" bezieht sich selbstverständlich auf die gewählte Hinterachsübersetzung, die entscheidenden Einfluß vor allem auf Beschleunigung und Höchstgeschwindigkeit hat.

Es bleibt natürlich jedem selbst überlassen, was er aus diesen Werten herausliest, doch lassen Sie mich vorab ein paar interessante Beispiele zur vergleichenden Statistik herausgreifen. Da wäre zunächst der Unterschied zwischen Sechszylinder- und V8-Motor zu nennen (1954 zu 1956), wobei man bedenken muß, daß der V8 natürlich 50 % mehr Leistung bot. Zum Zweiten fiel mir auf, daß der Leistungszuwachs auf dem Papier sich oftmals kaum auf die Fahrleistungen auswirkte, wie im Fall der 270-PS-Vergaser-Corvette von 1957 und der 290-PS-„Fuelie" von 1958. Die 270-PS-Corvette war unterm Strich schneller von 0 auf 60 mph und über die Viertelmeile, doch man darf nicht vergessen, daß es sich hier im zwei verschiedene Tester und zwei verschiedene Fahrzeuge handelte!

Der dritte Punkt, auf den ich Sie aufmerksam machen möchte, ist der Einfluß der amerikanischen Abgas-Gesetzgebung auf die Fahrleistungen. Ich fand es erstaunlich, wie wenig die Fahrleistungen der Corvette zwischen 1968 und 1979 differieren. Eine 1968er Corvette mit 427-cid-Motor und 1555 kg Lebendgewicht beschleunigte in 6,3 Sekunden von 0 auf 60 mph und in 14,1 Sekunden über die Viertelmeile. Die 79er Corvette mit kleinerem 350-cid-Motor und 105 kg mehr Gewicht beschleunigte in 6,6 Sekunden von 0 auf 60 mph und sprintete in 15,6 Sekunden über die Viertelmeile. Dabei hatten beide Fahrzeuge eine 3,55:1 übersetzte Hinterachse montiert (erst in der Höchstgeschwindigkeit zieht die 427er davon, doch in diesem Geschwindigkeitsbereich bewegte sich damals ohnehin kaum ein Corvette-Fahrer)!

1982 herrschten dagegen klare Verhältnisse: Mit 200 PS waren für die 350er Corvette einfach nicht mehr drin. Trotzdem erreichte sie noch über 200 km/h Höchstgeschwindigkeit und beschleunigte in weniger als 8 Sekunden von 0 auf 60 mph – bei deutlich gesunkenem Verbrauch! Vielleicht müssen einige Zeitgenossen ihre Ansichten über die Corvette der siebziger Jahre etwas korrigieren...

	1954	1956	1957	1957	1958	1958	1958	1959	1959	1960	1961
CID	235,5	265	283	283	283	283	283	283	283	283	283
PS	150	225	283*	270	230	250	290*	250	290*	270	315*
Achse	3,55	3,55	3,70	3,70	4,11	3,70	4,11	3,70	4,11	n a	3,70
Gewicht (kg)	1312	1353	1289	1344	1316g	1322	1316g	1339g	1371	1339g	1391
Höchstgeschwindigkeit (km/h)	172,3	193	201,1	197,1	165,9	201,1	190,9	193	205,9	n.a.	225g
Beschleunigungswerte (sek)											
0-30 mph (0-48 km/h)	3,7	3,4	2,4	3,1	—	3,3	—	—	3,1	—	2,6
0-40 mph (0-64 km/h)	5,3	4,6	3,4	3,8	—	4,5	—	—	4,2	—	3,8
0-50 mph (0-81 km/h)	7,7	6,0	4,9	4,9	—	5,8	—	—	5,1	—	4,6
0-60 mph (0-97 km/h)	11,0	7,5	6,6	6,8	9,2	7,6	6,9	7,8	6,6	8,4	6,0
0-70 mph (0-113 km/h)	14,8	10,0	8,8	8,7	—	9,5	—	—	7,5	—	7,9
0-100 mph (0-161 km/h)	—	19,3	18,2	17,6	—	21,4	—	—	15,5	—	14,2
Viertelmeile (402 m) mit stehendem Start (sek)	18,0	15,9	14,2	15,0	17,4	15,7	15,6	15,7	14,5	16,1	15,5
Viertelmeile (402 m) mit stehendem Start (km/h)	76,0	91,0	93,0	95,0	83,3	90,0	95,0	90,0	96,0	89,0	106,0
Beschleunigung im direkten Gang (sek)											
50-70 mph (81-113 km/h)	—	4,5	—	—	50-80	—	50-80	50-80	—	—	—
60-80 mph (97-129 km/h)	—	4,7	—	—	9,8	—	5,9	6,8	—	—	—
Durchschnittsverbrauch (l/100km)	13	19,6	19,6	23,3	18,2	12,7	16,9	16,1	20,1	13,8g	16,8
Originaltest vom	6. 54	5. 56	6. 57	6. 57	3. 58	12. 57	3. 58	4. 59	1. 59	7. 60	12. 60
erschienen in	R&T	SCI	SCI	SCI	MT	SCI	MT	MT	R&T	MT	SCI

	1961	1962	1963	1963	1964	1965	1965	1966	1967	1968	1968
CID	283	327	327	327	327	327	396	427	327	327	327
PS	230	360*	360*	300	300	375*	425	425	300	350	350
Achse	3,70	3,70	3,70	3,36	3,36**	3,70	3,70	4,11	3,36	3,70	3,70
Gewicht (kg)	1362g	1378	1376	1444	1384	1384	1480	1525	1435	1480	1564
Höchstgeschwindigkeit (km/h)	n.a.	241g	228,5	189,9	209,1	222	218,9	217,2	194,7	205,9	188,2
Beschleunigungswerte (sek)											
0-30 mph (0-48 km/h)	3,8	2,9	2,5	2,2	3,2	2,9	3,1	2,5	3,4	4,0	3,2
0-40 mph (0-64 km/h)	—	3,8	3,4	3,1	4,4	3,9	3,8	—	4,6	5,0	4,8a
0-50 mph (0-81 km/h)	—	4,8	4,5	4,2	6,1	5,2	4,8	4,2	5,9	6,1	—
0-60 mph (0-97 km/h)	8,3	5,9	5,9	6,1	8,0	6,3	5,7	5,6	7,8	7,7	7,1
0-70 mph (0-113 km/h)	—	7,5	8,0	7,0	10,5	7,8	7,5	—	10,0	9,7	—
0-100 mph (0-161 km/h)	—	13,5	16,5	14,5	20,2	14,7	13,4	—	23,1	20,7	—
Viertelmeile (402 m) mit stehendem Start (sek)	—	14,5	14,9	14,5	15,2	14,4	14,1	13,4	16,0	15,6	15,0
Viertelmeile (402 m) mit stehendem Start (km/h)	—	104,0	95,0	100,0	85,0	99,0	103,0	105,0	86,5	92,0	92,0
Beschleunigung im direkten Gang (sek)											
50-70 mph (81-113 km/h)	—	—	—	—	6,0	2,4	2,5	2,0	—	3,6	—
60-80 mph (97-129 km/h)	—	—	—	—	—	—	—	—	—	—	—
Durchschnittsverbrauch (l/100km)	18,1g	n.a.	18,8	16,2	15,9	18,1	23,5	n.a.	15,2	18,1	15
Originaltest vom	9. 61	12. 61	11. 62	4. 63	3. 64	12. 64	8. 65	3. 66	2. 67	1. 68	3. 68
erschienen in	MT	SCG	SCG	C/D	R&T	R&T	R&T	MT	R&T	R&T	MT

	1968	1969	1969	1970	1973	1974	1976	1977	1978	1979	1982	1984	1987
CID	427	350	427	454	350	350	350	350	350	350	350	350	350
PS	435	300	435	390	250	250	210	210	220	220	200	205	240
Achse	3,55	3,36**	4,11	3,01	3,70	3,70	3,55	3,70	3,70	3,55**	2,87**	3,31	3,07
Gewicht (kg)	1555	1591	1481	1698	1598	1584	1639	1607	1584	1659	1555	1453	1509
Höchstgeschwindigkeit (km/h)	257,4	212,4	196,3	231,7	199,5	199,5	212,4	212,4	212,4	209g	201,1	225,3	241,3
Beschleunigungswerte (sek)													
0-30 mph (0-48 km/h)	2,7	—	2,5	2.8	3,1	3,3	3,4	2,6	2,3	2,5	2,7	2,9	2,8
0-40 mph (0-64 km/h)	3,8g	—	3,4	3,9	4,3	—	—	—	—	—	—	3,9	3,8
0-50 mph (0-81 km/h)	—	—	4,5	5,0	5,6	—	—	5,3	4,8	—	5,8	5,0	4,8
0-60 mph (0-97 km/h)	6,3	8,4	6,1	7,0	7,2	7,4	8,1	6,8	6,5	6,6	7,9	7,0	6,5
0-70 mph (0-113 km/h)	8,0g	—	—	8,9	9,1	—	—	—	—	—	10,6	—	—
0-100 mph (0-161 km/h)	—	21,1	14,8	14,0	17,9	18,5	23,6	18,0g	17,9	18,5g	24,8	—	—
Viertelmeile (402 m) mit stehendem Start (sek)	14,1	16,0	14,3	15,0	15,5	15,8	16,5	15,5	15,2	15,6	16,1	15,5	15,0
Viertelmeile (402 m) mit stehendem Start (km/h)	103,0	82,0	98,0	93,0	94,0	92,5	87,0	92,5	95,0	91,0	84,5	88,0	93,0
Beschleunigung im direkten Gang (sek)													
50-70 mph (81-113 km/h)	2,9	—	—	—	—	—	—	—	—	—	—	—	—
60-80 mph (97-129 km/h)	—	—	—	—	—	—	—	—	—	—	—	—	—
Durchschnittsverbrauch (l/100km)	17,3	16,5	23,5	26,1	16,2	17,2	16,8	15,7	15,7	19,6	10,9	13	13,8
Originaltest vom	3. 68	6. 69	3. 69	9. 70	6. 73	2. 74	3. 76	6. 77	4. 78	4. 79	11. 82	1984	1986
erschienen in	MT	R&T	R&T	R&T	R&T	R&T	R&T	R&T	R&T	R&T	R&T	CG	CG

Austauschbarkeit von Chevrolot-„Small-Block“-Motorteilen

Seit 1955 wurde der Chevrolet-„Small-Block“-V8 in verschiedenen Hubraumvarianten von 262 cid (4294 ccm) bis 400 cid (6556 ccm) gebaut. Die folgende Tabelle zeigt die Unterschiede in Bohrung, Hub, Kurbelwellen-Hauptlager, Pleuellager und Lagerschalen:

Hubraum und Bauzeitraum (cid)	Bohrung (mm)	Hub (mm)	Hauptlager (Ø mm)	Pleuellager (Ø mm)	Lagerschale
262 1975-1976	93,24	78,74	62,23	53,34	2 Bolzen
265 1955-1956	95,25	76,20	58,42	50,80	2 Bolzen
267 1979-1981	88,90	88,39	62,23	53,34	2 Bolzen
283 1957-1967	98,42	76,20	58,42	50,80	2 Bolzen
302 1967	101,60	76,20	58,42	50,80	2 Bolzen
302 1968-1969	101,60	76,20	62,23	53,34	4 Bolzen
305 1976-1981	94,89	88,39	62,23	53,34	2 Bolzen
307 1968-1973	98,42	82,55	62,23	53,34	2 Bolzen
327 1962-1967	101,60	82,55	58,42	50,80	2 Bolzen
327 1968.1969	101,60	82,55	62,23	53,34	2 Bolzen
350 1967-1981	101,60	88,39	62,23	53,34	2 oder 4 Bolzen
400 1970-1972	104,77	95,25	67,31	53,34	4 Bolzen
400 1973-1980	104,77	95,25	67,31	53,34	2 Bolzen

1968 erhielt der Motorblock mit 101,60 mm Bohrung im Zuge der Überarbeitung verstärkte Kurbelwellen-Hauptlagerschalen, die mit vier Bolzen befestigt wurden. Diese Lagerschalen wurden bis 1971 für alle 302- und 350-cid-Motoren verwendet, danach erhielten die niedriger verdichteten Pkw-Motoren mit Zwei- und Vierfachvergasern wieder Lagerschalen mit zwei Bolzen. Die verstärkten 4-Bolzen-Lagerschalen wurden bis 1974 weiterhin für den Camaro Z-28, den LT-1- und den L-82-Corvette-Motor verwendet, für den LS-9-Lkw-Motor sogar bis 1978.

Die Motorblöcke der Versionen mit 262, 265, 267, 283, 305 und 307 cid Hubraum wurden nie mit den verstärkten 4-Bolzen-Lagerschalen versehen, da die Versteifungsrippen im Block, die die Hauptlager tragen, nicht die erforderliche Materialstärke aufweisen.

Weitere Collectors Guide

48,– DM

Der Jaguar E-Type

Aus dem Inhalt:

- Der E-Type 3.8 und 4.2
- Die E-Types beim Motorsport
- Der E-Type aus Leichtmetall
- Der E-Type in Zahlen
- Kaufberatung

Der Jaguar E-Type	
Hardcover, Schutzumschlag	48,– DM
245 × 175 mm (B × H)	
144 Seiten, über 300 z.T. farbige Abbildungen	
ISBN 3-922858-90-2	

48,– DM

Die Healey's vom 100/4 zum Mk III

Aus dem Inhalt:

- Der 100/4 – BN 1 und BN 2
- Der 100/4 als Rallyeteilnehmer
- Der 3000-Healey
- 100-Six und 3000 im Vergleich
- Die Healey's in Zahlen
- Kaufberatung

Die Healey's vom 100/4 zum Mk III	
Hardcover, Schutzumschlag	48,– DM
245 × 175 mm (B × H)	
144 Seiten, über 300 z.T. farbige Abbildungen	
ISBN 3-922858-91-0	

HEEL-Verlag · Hauptstr. 354 · 5330 Königswinter 1 · Tel. 0 22 23 / 2 30 27

48,— DM

Die Triumph TR's

Aus dem Inhalt:

- Vom TR1 zum TR7/8
- Prototypen
- Die TVR's im Motorsport
- Die Triumph TR's in Zahlen
- Kaufberatung

Die Triumph TR's
Hardcover, Schutzumschlag 48,— DM
245 × 175 mm (B × H)
144 Seiten, über 300 z.T. farbige Abbildungen
ISBN 3-922858-92-9

48,— DM

Der MGA, MGB und MGC

Aus dem Inhalt:

- Der MGA und MGA Twin Cam
- Die MGA im Rallyeeinsatz
- Der MGC und MGB GT V8
- Prototypen und Spezialanfertigungen
- Die MG's in Zahlen
- Kaufberatung

Der MGA, MGB und MGC
Hardcover, Schutzumschlag 48,— DM
245 × 175 mm (B × H)
154 Seiten, über 300 z.T. farbige Abbildungen
ISBN 3-922858-93-7

48,– DM

Aston Martin und Lagonda (Sechzylinder-Modelle)

Aus dem Inhalt:

- Die Werksgeschichte
- Der DB2–4
- Aston Martins erster Sportwagen
- Der DBS und der DBR
- Die DB4-, DB5- und DB6-Modelle
- Der DBS und danach

Aston Martin und Lagonda Sechszylinder
Hardcover, Schutzumschlag 48,– DM
245 × 175 mm (B × H)
ca. 150 Seiten, über 300 z.T. farbige Abbildungen
ISBN 3-922858-74-0

48,– DM

Lotus & Caterham Seven

Aus dem Inhalt:

- Die Anfänge bei Lotus
- Die Konstruktion des Seven
- Seven Serie 1–4
- Caterham Sevens
- Der Seven im Motorsport

Lotus & Caterham Seven
Hardcover, Schutzumschlag 48,– DM
245 × 175 mm (B × H)
ca. 150 Seiten, über 300 z.T. farbige Abbildungen
ISBN 3-922858-73-2

48,— DM

Die Jaguar XK's

Aus dem Inhalt:

- Oktober 1948: Der Beginn
- Der XK 120, 140, 150, 150 S
- Technische Entwicklungen und Verbesserungen
- Die Jaguar XK's in Zahlen
- Kaufberatung

Die Jaguar XK's
Hardcover, Schutzumschlag 48,— DM
245 × 175 mm (B × H)
144 Seiten, über 300 z.T. farbige Abbildungen
ISBN 3-89365-116-0

48,— DM

Der Range Rover

Aus dem Inhalt:

- Die Parallelen zum Land Rover
- Spezialausführungen
- Vom Nutzfahrzeug als Luxusobjekt
- Die jüngste Turbodiesel-Version
- Der Range Rover in Zahlen
- Kaufberatung

Der Range Rover
Hardcover, Schutzumschlag 48,— DM
245 × 175 mm (B × H)
144 Seiten, über 300 z.T. farbige Abbildungen
ISBN 3-89365-117-9